唤醒能量

TRADITION AND

REVOLUTION

〔印〕克里希那穆提 ——— 著 李赫楠 王晓霞 ——— 译

九 州 出 版 社 JIUZHOUPRESS｜全国百佳图书出版单位

图书在版编目（CIP）数据

唤醒能量 ／（印）克里希那穆提著 ； 李赫楠，王晓
霞译. -- 北京 ：九州出版社，2023.1
ISBN 978-7-5108-8826-7

Ⅰ. ①唤… Ⅱ. ①克… ②李… ③王… Ⅲ. ①人生哲
学—通俗读物 Ⅳ. ①B821-49

中国版本图书馆CIP数据核字（2020）第250589号

著作权合同登记号：图字01-2022-5261号

唤醒能量

作　　者	［印度］克里希那穆提 著　李赫楠　王晓霞译
责任编辑	李文君
出版发行	九州出版社
地　　址	北京市西城区阜外大街甲35号（100037）
发行电话	（010）68992190/3/5/6
网　　址	www.jiuzhoupress.com
印　　刷	三河市国新印装有限公司
开　　本	880毫米×1230毫米　32开
印　　张	10.5
字　　数	180千字
版　　次	2023年2月第1版
印　　次	2023年2月第1次印刷
书　　号	ISBN 978-7-5108-8826-7
定　　价	58.00元

出版前言

　　克里希那穆提 1895 年生于印度，13 岁时被"通神学会"带到英国训导培养。"通神学会"由西方人士发起，以印度教和佛教经典为基础，逐步发展为一个宣扬神灵救世的世界性组织，它相信"世界导师"将再度降临，并认为克里希那穆提就是这个"世界导师"。而克里希那穆提在自己 30 岁时，内心得以觉悟，否定了"通神学会"的种种谬误。1929 年，为了排除"救世主"的形象，他毅然解散专门为他设立的组织——世界明星社，宣布任何一种约束心灵解放的形式化的宗教、哲学和主张都无法带领人进入真理的国度。

　　克里希那穆提一生在世界各地传播他的智慧，他的思想魅力吸引了世界各地的人们，但是他坚持宣称自己不是宗教权威，拒绝别人给他加上"上师"的称号。他教导人们进行自我觉察，了解自我的局限以及宗教、民族主义狭隘性的制约。他指出打破意识束缚，进入"开放"极为重要，因为"大脑里广大的空间有着无可想象的能量"，而这个广大的空间，正是人的生命创造力的源泉所在。他提出："我只教一件事，那就是观察你自己，深入探索你自己，然后加以超越。你不是去听从我的教诲，你只是在了解自己罢了。"他的思想，为世人指明了东西方一切伟大智慧的精髓——认识自我。

　　《唤醒能量》原英文版名为《传统与革命》（Tradition and Revolution），由普普尔·贾亚卡尔（Pupul Jayakar）和苏纳达·帕特瓦尔丹（Sunanda

Patwardhan）编辑。普普尔曾著有《克里希那穆提传》。本书中文版书名系中文版编者所拟。英文版中只有一级标题，中文版编者根据内容，拟出了二级标题，便于读者更好地把握对话的主题。

书中与克里希那穆提对话的人有：阿克尤特·帕特瓦尔丹、芭拉桑达拉姆、德什潘德、莫里斯·弗里德曼、乔治·桑德珊、贾纳丹·帕特瓦尔丹、普普尔·贾亚卡尔、拉达·布尼尔、苏纳达·帕特瓦尔丹、斯瓦米·桑达拉姆。这些对话者的身份将在正文中予以介绍。

克里希那穆提一生到处演讲，直到 1986 年过世，享年 90 岁。他的言论、日记等被集结成 60 余册著作。这一套丛书就是从他浩瀚的言论中选取并集结出来的，每一本都讨论了和我们日常生活息息相关的话题。此次出版，对书中的个别错误进行了修订。

克里希那穆提系列作品得到了台湾著名作家胡因梦女士的倾情推荐，在此谨表谢忱。

九州出版社

译序

最初，在阅读克里希那穆提（以下简称"克"）的作品时深受触动，于是迸发出巨大的热情，从 2009 年开始自发地翻译他的作品，至今已有十余部翻译（包括译审）作品陆续出版。

在这十几年中，无论是阅读克的著作、观看他讲话或讨论的视频，还是翻译他的作品，一次次相遇无一例外地触及内心深处，被其中所揭示的巨大事实深深震撼，看着作为局限桎梏的价值观，诸如名、利、成功、自我实现乃至个人魅力之类，在眼前轰然崩塌，碎片一地，再也捡不回来。因为看到那些事实，就颠覆了你之前关于这个世界的所有认识，所有知识。之后是内心的平静和生活中源源不断的喜悦，活得清明、自在，内心里不再有挣扎和冲突。

在我看来，克是一个坦诚无染的人，你在听他的讲话、读他的文字时，能够直接感受到那种毫无渲染或任何煽动意味的平实之极的热忱和赤诚。然而，克这个人并不重要，重要的是他在讲述什么。克毕生讲述的不是理论，不是思想，也不属于任何哲学体系或既定的宗教范畴。他所说的都是事实，关于人类内心和精神世界的事实。克毕生致力于的正是不加粉饰地、毫不留情地指出人类心理世界的事实，来唤醒人类的智慧，实现真正的世界大同，接上那无条件、无局限的善、美与爱，虽然从主观上没有任何目的和动机可言，因为智慧的行为已经超越了因果，远非思想所能臆测和揣度。而看清这些事实，这"看到"，本身就是智慧，就终结了所有混乱冲突的现实，寂静、美和爱不期而遇。

一部译著特别是克氏作品的译著的优劣，最主要的因素取决于译者是不是准确地理解了克所说的话，并用中文如实地表达出来，其间不添加译者对于原文的任何带有个人色彩的额外诠释，也不会为了文字上的优美而对原文的意思进行润饰性的修改，特别是不用任何宗教类的名词或说法来表述克的话。"忠实原文"是克氏译著的第一要义。在这一点上，本书力求最大限度地忠实原著，尽可能传达克那种简单、直接、流畅、优雅的语言风格。

去读读吧，看看书中说的是不是事实。这句话说起来很简单，但是要读懂那些话，一丝自保的心都不能有。你必须以一颗同样赤纯的心去迎接那些表达，才可能真正看懂里边在讲什么。

如果可以，那么，也许某个安静的午后，当你展开这本书卷，展开你的心扉，在静静聆听之时，也能听到自己心灵深处花开的声音……

王晓霞（Sue）

修订于 2020 年 8 月 5 日

1999 年英文版前言

　　本书收录的大部分对话都是关于古印度哲学的话题。对话集首次出版于 1972 年，随后又重印了多次。通过第二版，我们希望把克里希那穆提所拥有的心灵探索的独特风格介绍给新的读者。这些对话的参与者们并不是专业的哲学家，而是那些尝试重新发现印度哲学的过去，并在某种重要意义上更新那种过去的人们，而这种意义无法以学术价值来认定。他们对待过去的态度，并非如学者迫切渴望得到真实的历史一般，而是像诗人重新发现一种熟悉的语言那样。本书第一版的前言向我们提供了对话参与者们在寻找什么的线索。

1972 年英文版前言

从 1947 年起，克里希那穆提在印度定期会见来自不同文化背景、秉持不同信仰的人们，同他们进行交谈。这些人中有学者、政治家、艺术家，也有印度僧人。这些年来，探究真理的方法体系逐渐丰富并成形。这些对话仿佛通过显微镜向读者展现克里希那穆提那流畅、广阔、微妙的精神世界以及洞察的运作过程。然而，这些对话并不是提问和回答。它们是一种深入意识结构和本质的探索，是关于头脑及其活动和界限以及超越头脑之物的探索。同时，它也是走近突变之道的一次机会。

对话中聚集了一些完全不同的并有着各自不同局限的头脑，展现了对克里希那穆提的心智的一种深度挑战，通过无情的质问来抵达人类的心灵深处。你不仅可以目击"无限"的扩展和深入，也可以见证"无限"对有限的头脑产生的影响。正是这种质询使得头脑变得灵活，把它从最近的过去、从数个世纪的制约模式中解放出来。

在这些对话中，克里希那穆提从一个完全试探性的角度，即一种"无知"的状态提问，因此，从某种意义上讲，他和对话的参与者起始于同一水平。在讨论过程中，提出了各种带有假设性和探查性的分析质疑。这种质疑并没有立即寻求答案，而是一步步观察思维及其展现过程——这是一场穿透和撤回的运动，每次运动都把注意力越来越深地投入心灵的深处。就这样，一次微妙无言的交流便发生了，揭示了对思想的肯定活动进行否定的过程。其中有对事实、对"现状"的"看到"，以及"现

7

状"的突变。这些被再次从不同角度探究以检验其有效性。

二元性和非二元的本质被简单的语言所揭示。在那个提问的状态中，在提问者和体验者都停止了思想的状态中，"真理"便瞬间显现了。这是一种完全没有思想的状态。克里希那穆提说：

"头脑是运动的容器，当运动无形、无'我'、无影像、无画面时，头脑就完全安静了，里面没有记忆。此时，脑细胞就发生了变化。脑细胞习惯于在时间中运动。它们是时间的残留物，而时间在运动中制造出空间，时间是这空间中的运动。"

"当没有运动的时候，能量便惊人地集中。因此，突变是对运动的理解和脑细胞自身运动的终止。"（对话六）

对突变的瞬间和"现状"的揭示，为理性和宗教探询的整个领域提供了一个全新的维度。

对话中也许存在一些重复之处，但我们并未将之删除，因为这样做会妨碍对意识本质和质询方法的理解。

我们相信，这些讨论对那些正在寻找理解自我和人生线索的人们会大有帮助。

新德里

1972 年 5 月 11 日

普普尔·贾亚卡尔

苏纳达·帕特瓦尔丹

目　录

新德里对话录

马德拉斯对话录

瑞希山谷对话录

孟买对话录

新德里
对话录

一 悲伤之焰

（一）面对悲伤唯一的办法是不做任何抵抗

克： 在这个国家，悲伤意味着什么？在这里，人们遇到悲伤会怎么办？他们是否通过因果报应的解释来逃避悲伤？当遇到悲伤时，印度人的头脑中在想些什么？佛教徒有一种处理方式，基督教徒有另一种处理方式。印度人遇到悲伤时又是如何处理的呢？是抵抗它，还是逃避它？抑或是使它变得合理化？

普①： 真的有许多面对悲伤的方式吗？悲伤是痛苦——某人死去的痛苦、离别的痛苦。有可能以不同的形式面对这种痛苦吗？

克： 逃避悲伤有许多不同的方式，然而面对悲伤则只有一种办法。我们都熟悉的逃避的确是避免巨大悲痛的途径。你看，我们通过解释来面对悲伤，但是这些解释并没有回答这个问题。面对悲伤的唯一办法是不做任何抵抗，无论是从外在还是从内心里，不要做出任何远离悲伤的运动，而是完全处于悲伤之中，不要试图超越它。

---

① 普普尔·贾亚卡（Pupul Jayakar），印度著名哲学家及文艺界领袖，克里希那穆提基金会副会长，印度传统艺术与文化基金会副会长，印度文化交流委员会副会长，英迪拉·甘地纪念会副主席。早年在英国受教育，回国后即致力于甘地所倡导的社会改革运动。克里希那穆提五十三岁时，她与克氏初次晤面，被对方身上所散发出来的摄受力所震撼，折服于克氏教诲中的智慧与洞见，从此跟随其左右，致力于克氏教诲的传播，曾经撰写过《克里希那穆提传记》。以下简称"普"。——中文版编者注，下同。

（二）逃避悲伤，是在糟蹋一种非凡无比的事情

普：悲伤的本质是什么？

克：悲伤，有个人的悲伤，伴随着失去你爱的人、孤独、分离和对他人的担忧而生的悲伤。伴随着死亡，也有另外一种感情产生，即他人的存在已经终止，而他却还有那么多想要做的事情。这一切都是个人的悲伤。然后还有超越个人的悲伤，你看到有个衣衫褴褛、蓬头垢面、低垂着头的人；他是无知的，不仅仅是对书本知识无知，而是真正的深层无知。你对这个人怀有的感情既不是自怜，也不存在对那个人身份的认同。并不是因为你比他处境更佳所以怜悯他，而是你内心感受到人类悲伤的无限重负。这样的悲伤与个人无关。它普遍存在。

普：当你谈话的时候，我内心一直有一种悲伤。没有直接的原因导致这种悲伤，但它却与人类如影随形。他活着，爱着，他产生依恋，然后一切结束。无论你所说的话有多么真实，在我们身上存在这种无尽的悲伤。它将怎样终结？看起来好像没有答案。前几天你讲过在悲伤中存在热情的全部行动。那是什么意思？

克：悲伤和热情之间是否存在联系？是否存在没有原因的悲伤？我们知道有作为因果的悲伤。我的儿子去世了，其中关系到我对自己儿子的认同，我想要让他达成我没有实现的事，我的追求通过他得以延续；当他死去，这一切都被否定了，我发现自己完全丧失了所有希望。那样就出现了自怜、恐惧，出现了引发悲伤的痛苦。每个人都是如此。这就是我们所说的悲伤。

除此之外，还有时间的悲伤、无知的悲伤，对自身破坏性局限的无

知；不自知的悲伤；对处于自身存在的深处和超出存在的美的无知的悲伤。当我们通过种种解释来逃离悲伤时，我们是否知晓我们实际上正在糟蹋一件非凡无比的事情？

（三）不从悲伤逃离，则爱的热焰产生

普： 那么人该怎么做呢？

克： 你还没有回答我的问题："是否存在没有原因的悲伤？"我们都知道悲伤，也知道远离悲伤的行动。

普： 你说的是没有因果的悲伤。有这样的状态存在吗？

克： 从太古时代起，人类就伴随着悲伤生活。人不知道如何去应对悲伤。因此，他或是膜拜，或是逃离。这两者其实是一样的。而我则两者都不做，也不把悲伤当作觉醒的一种方式。那么会发生什么呢？

普： 我们具备的知识是我们理智的产物。悲伤则不只是这些，它是心灵的一种运动。

克： 我现在问你，悲伤与爱的关系是什么？

普： 它们都是心灵的运动。

克： 什么是爱？什么是悲伤？

普： 两者都是心灵的运动。其中一个被定义为喜悦，另一个则被定义为痛苦。

克： 爱是快乐吗？你是说喜悦和快乐是一样的吗？不理解快乐的本质，就不会有深度的喜悦。你无法邀请喜悦，喜悦自然而然发生。这种发

生可以转变成快乐。当快乐被否定时，悲伤就开始了。

普： 在某种程度上是这样的，但是从另一个层面来看又不是这样。

克： 如我们所说，喜悦是不可邀约的。它自然发生。我可以邀请快乐，追求快乐。如果快乐是爱，那么爱就能够被培育。

普： 我们知道快乐不是爱。快乐可能是爱的一种表现，但它不是爱。悲伤和爱产生于同一个源头。

克： 我问的是，悲伤与爱的关系是什么？有悲伤存在的地方，还会存在爱吗？悲伤就是我们刚才所探讨的一切。

普： 我会说"是的"。

克： 在悲伤中，存在分离和分裂的因素。悲伤中不是也存在着许多自怜的情绪吗？这些和爱之间又有什么联系？爱有依赖吗？爱有"我"和"你"的特性吗？

普： 但是你谈到热情……

克： 当不存在从悲伤逃离的行为时，爱就产生。热情是悲伤之焰，只有不逃离、不抵抗悲伤，这簇火焰才会被唤醒。这意味着悲伤具有不分裂的品质。

普： 从那种意义上来讲，悲伤的状态与爱的状态有什么不同吗？悲伤是痛苦。你说在那种痛苦中，没有抵抗，没有逃离痛苦的运动时，热情的火焰就会迸发。奇怪的是，在古代的文字中，认为爱（*kāma*）、火焰（*agni*）和死亡（*yama*）是一样的。它们被放置在同一水平；它们创造、净化、摧毁、再创造。这一切都得有个结束的时候。

克： 你看，就是这样。一颗领会了悲伤的头脑与随之而来的悲伤的终结是什么关系呢？不再惧怕终结（即死亡）的头脑又具备什么品质呢？当能量没有因逃离而消散时，能量就变成了热情的火焰。慈悲意味着对一切的热情。慈悲即是对一切的热情。

1970 年 12 月 12 日

二　炼金术与突变

（一）两性和谐，冲突消融，诞生新的突变

普： 我正在考虑是否需要讨论一下古印度人对于炼金术和突变的态度，以及炼金术的发现是否与你所讲的事情有任何关系。值得一提的是，佛教思想的伟大倡导者之一龙树①（Nāgārjuna）自己本身就是一名炼金大师。印度炼金术士的探究与其说是针对把基础金属变成金子，倒不如说是对某种精神物理学与化学过程的探索。在这个过程中，通过突变，身体和心灵可以幸免于时间的破坏和腐败的过程。其探究的领域包括呼吸的技巧、食用在实验室炼制出的仙丹灵药——水银在丹药中起到重要作用——以及引发意识爆炸的诱因。这三者的共同作用导致身体和心灵的一次突变。炼金术士使用的象征是与性相关的；水银是湿婆神②（śiva）的种子，云母是女神的种子；两者不仅仅在实验室坩埚内的物理层面，也在意识层面上相结合，就会引发突变；这是一种没有时间过程和老化过程的状态，一种与两个组成部分都不相关却被它们的共同作用所激发出的突变状态。这些与你所讲的事情有任何相关之处吗？

克： 你问的是在时间之外的意识状态。

---

① 古印度佛教哲学家，活动于公元 2—3 世纪之间，是大乘佛教中观派的奠基者。

② 印度教三大神之一，兼具生殖与毁灭、创造与破坏双重性格，呈现各种奇谲怪诞的相貌。

普：从每个人身上，你都可以看到男性和女性的因素在起作用。炼金术士看到了结合和平衡的需要。这样做是正确的吗？

克：我认为人可以从自身观察到这一点。我经常看到我们每个人身上都存在着男性和女性因素，它们或是处于完美的平衡状态或是处于不平衡状态。当男性和女性因素完全平衡时，那么这个物质生命体就不会生病。也许会存在表面的些微不适，但是于内在深处不存在摧毁生命体的疾病。这可能就是古人寻求的东西——通过水银和云母，来代表男性和女性。通过冥想、通过探索，也许通过某种药物形式，他们试图达到这种完美的平衡。

人可以清晰地看到自己体内男性和女性的因素在起作用。如果其中一种或另一种因素被放大，不平衡会导致疾病，不是表面的不适而是深度的疾病。我注意到处于不同的情形和环境中的自己，与进攻性强而又暴力的另一种人在一起时，我内心的女性因素就起主导作用，显得更加突出。男性通常用这种女性因素的突出来维护自己。但是当一个人周围的女性因素非常多的时候，男性则不会具有进攻性而是选择没有抵抗地撤退。

苏[①]：什么是男性因素和女性因素？

克：一般来说，男性是有进攻性的、暴力的、专横主宰的；而女性则是安静的，这点被认为是顺从，并被男人所利用。但被认为是女性特质的顺从实际上是温柔，它逐渐征服了男性。

当男性和女性处于完全和谐之中时，两者的特性就改变了，就不再

---

① 苏纳达·帕特瓦尔丹（Sunanda Patwardhan），以下简称"苏"。

是男性和女性了。那是完全不同的东西，相对于我们认为什么是男性和女性而言。男性和女性作为阴阳两极，是因为他们的本质是二元性的；然而完全的平衡——两者的和谐，则具备一种不同的品质。

如同地球的品质一样，万物生长于其上却又不属于它。我经常注意到这种运作。当整颗心从物理环境中撤离，仿佛非常遥远，这并非空间或时间层面的遥远，而是一种任何事物都无法触及的状态。这种状态既非空想也非撤离，而是一种内在的、绝对的"不存在"。当这种完美的和谐发生时，因为不存在冲突，它有了自己的生命力。它并没有摧毁其他因素。冲突并不只存在于外部，同时也存在于内部。当冲突完全终结的时候，就诞生了不随时间所动的突变。

（二）人应该更新成为智慧的"容器"

普： 炼金术士把这个过程称作圣童（Kumāra）的诞生，魔力孩童——他是永远都不会变老的，完全保持天真。

克： 这非常有趣——但是炼金术已经与诸多骗人的戏法成为同义词。

普： 但是炼金术士们，被视为掌握精华所在的大师们（rasa-siddhas），坚持认为他们所描述的事情是他们亲眼所见，他们所记录的事情并不是道听途说或来自师长的讲述。另一个因素是兴趣。在炼金术中，大量的注意力被放在了工具和器皿上。冶金学就是从这里发展起来的——其中一个容器或者器具（yantras）被看作是子宫容器（garbha-yantra）。这是炼金术的一个关键词语。那么，存在为孕育心灵的子宫做准备这回事吗?

克：你使用"准备"这个词的时候，就意味着这是一段有时间参与的过程。

普：炼金术士也同样注意到在突变点，在水银固定点，在无限诞生时，时间并没有参与其中。

克：不要用"准备"这个词。让我们这么说，是否存在一种必需的状态、背景和容器能够容纳这些？我会说没有，因为当他们，那些当时据称有眼通能力的人们找到孩童时期的克里希那穆提时，发现他没有自私的特征，因此觉得他值得成为容器。而我认为那种特征始终都存在着。

苏：可能是那样吧，但是像我们这样的普通人又将如何？这是不是一种仅仅赋予极少数人，千年或更多年才出现的一个人的特权？还是它能发生在关注这一切、投身于这一切并且真正严肃对待这个质询的人们身上？

克：某种特定的身体因素和心理状态是必需的。身体必须敏感。当吸烟、喝酒、吃肉的时候，身体就不会敏感。这种身体的敏感必须得以保持。这是绝对重要的。传统上说，这样的身体一般是逗留在一处由弟子和家庭供养起来的场所。这样的身体没有受惊或暴露。那么，对这一切非常认真，又经受住了日常的苦行考验的人，就能保持身体的高度敏感吗？同样另一方面，被经验所伤的心能否抛开所有的伤痛和痕迹并进行自我更新，因而产生一种没有伤害的状态？这两个方面很重要——身体的敏感性和心智这两者都没有伤痕。我认为这点能够被任何真正认真的人实现。你看，子宫随时准备着孕育，它能自我更新。

普： 像土地一样，子宫具有自我更新的内在品质。

克： 我认为头脑也完全具备这种品质。当土地未被利用、子宫空置、头脑没有任何运动的时候，更新就发生了。当头脑完全放空，它就像子宫，纯洁地准备更新、受孕。

普： 然后这就成了容器，成了器具。

克： 是的，这就是容器。但是当你使用"容器"一词的时候，你必须要非常小心。头脑的这种内在品质可以被称作永恒的年轻。

普： 就像圣童之道（*kumāra vidyā*）[①] 那样。

（三）是什么使心灵变老

克： 那么是什么使得心灵变老？很显然，是自我的活动使得心灵变老。

普： 自我会损耗细胞吗？

克： 子宫随时准备受孕。随时净化自身是它的特质。但是被自我负累和损耗的头脑没有空间去进行自我更新。当自我被其自身和它的活动所占据，头脑就没有空间进行自我更新。因此，空间是必需的，无论是身体的空间还是精神的空间。这些与炼金术相符合吗？

普： 他们使用的语言不同。他们讲通过结合实现突变。

克： 这一切都意味着努力、摩擦。

---

① 长生不老的科学。——译者注。

普： 如何知道这点呢？

克： 如果它包含着任何形式的过程和成就，那么它就意味着努力。

1970 年 12 月 14 日

三　抑制邪恶

（一）对于"邪恶"的含意，不要迷信

普： 人类所关心的至关重要的问题之一就是抑制邪恶的必要性。看起来好像在历史上的某些时期，因为各种环境因素，使得邪恶肆意蔓延。邪恶表现得如此广泛，邪恶这个问题如此复杂，让人不知道该如何处理它们。你认为对待邪恶的方式是什么呢？是否存在邪恶这种独立于善良之外的事物？

克： 我想知道你的意思是什么。你把荆棘遍布的灌木丛称为邪恶吗？你把毒蛇称为邪恶吗？并没有一种野兽是邪恶的——鲨鱼或老虎都不是。所以你用"邪恶"一词来表示什么呢？是指有害的事物？是指可以带来巨大哀伤和痛苦的事物？摧毁或阻碍理性之光的事物？你称战争为邪恶吗？你称将军、统治者、司令为邪恶吗，因为他们为战争和破坏推波助澜？

普： 阻碍事物本性的都可以被看作是邪恶。

克： 男人很粗蛮，他邪恶吗？

普： 如果他在阻碍，如果他通过某种不好的意图，做了某些事情……

克： 我只是想知道"邪恶"这个词是什么意思。邪恶对一个智慧的、

知晓世界所有恐怖的头脑意味着什么？

普： 邪恶禁锢意识，带来黑暗。

克： 那是恐惧、悲伤和痛苦的作用。你是想说邪恶助长了恐惧？邪恶是加深悲伤的一种方式吗？邪恶是使战争不休的社会局限吗？这一切都使意识受到局限并制造出黑暗和悲伤。在基督教徒思想中，邪恶就是魔鬼。印度教徒有对邪恶的概念吗？如果他有邪恶的概念，那会是指什么呢？就我个人来说，我从来没有想过邪恶。

你是不是说在善良的绽放中，就完全不存在邪恶，这种善良的状态对邪恶一无所知？或者邪恶是人脑的一种发明，而这头脑孕育了恐惧并投射出善良？

普： 我可以说几句吗？如果潜入人类的心灵深处，潜入人类的历史，总会发现一些颠覆自然法则、带来黑暗与恐慌的巫师和女巫。这是人类头脑中最奇怪的因素之一。出于对未知、对遍布人类历史的无尽黑暗的恐惧，人迫切地寻求着保护；这种呼喊在人类意识中回荡。这就是未知、无名恐惧的发源地。指出邪恶即是恐惧是不够的，是这一切乃至更多。

克： 你是说在人类的心灵深处，存在对未知的恐惧，对一些不能触摸和想象的事物的恐惧？就是出于这样深度的恐惧，人才寻求神的保护，寻求任何可以提示他危险的事物以及任何对这种隐藏之物——邪恶进行暗示的事物？

普： 这种黑暗始终存在于人类意识深处。

克： 邪恶与善良相反吗？或者说完全独立于善良而存在？

普： 邪恶是独立于善良存在的。

克： 你说它是独立的。好，那么邪恶本身与美和爱并不相关，是吗？为了抵抗邪恶，就像对抗野兽一样，人类总是寻求保护。存在着隐藏于黑暗中的危险。人知道这点，感到害怕并因此寻求通过咒语、仪式、祈祷等来驱散邪恶得到庇护。遍布荆棘的灌木丛用刺保护自己，阻隔动物，动物因为无法吃到它的叶子而称它为邪恶。是否存在这样一种力量或邪恶的化身，完全同善与美无关？世界上存在着邪恶在对抗善良的这一套观念。这种邪恶体现在人身上，它也总是对抗着善良和温柔。我要问的是，邪恶是否完全独立于善良而存在？你必须非常小心地回答，不要迷信。

普： 人类存在对保护的需求。作为符咒的经文，作为魔法图的曼陀罗①（maṇḍala）和作为魔法手势的舞蹈动作（mudrā）都是为了抵抗邪恶，获得保护。

克： 你看，当你潜入意识的深层，到达如同黑暗的未知处，你就停下了脚步，因为你害怕。头脑深深探入这一点，再往下就是黑暗的空虚感。因为这黑暗，你才有祷告、符咒；因为对黑暗的恐惧，你才寻求庇佑。头脑可以穿越黑暗吗？也就是说头脑可以不再恐惧吗？它可以将黑暗变成光明吗？你能否穿透你所恐惧的黑暗，即你所谓的"邪恶"呢？你能否彻底穿透使得黑暗不复存在呢？那么，什么是邪恶？

普： 当仪式中的魔法图被绘制出来，进入阵图要通过咒语和手势。在进入黑暗的过程中，什么咒语可以开启黑暗之门呢？

克： 意识如同思想，探索它自己——它的深度。随着它进入，它

---

① 是佛教中日常修习密法时的"心中宇宙图"。

便遭遇黑暗。这种探索并不是时间的过程。而你问：是什么咒语或能量可以穿透到黑暗的最底层呢？

这种能量是什么，它又是如何产生的呢？这个已经开始过探索的能量依旧在那里，随着进入和穿透而变得更加有力和有生气。为什么你会问是否需要更多的能量？

普：因为能量的枯竭，我们穿透到了某一点就无法再深入下去。

克：因为恐惧，因为对未知的焦虑，我们浪费了能量而不是把它集中起来。我想要穿透自己。我看到进入自己内在和进入外在的运动是同样的运动——都是进入空间。在进入空间的过程中，存在某种需求，某种能量。这种能量必须没有任何努力、没有任何扭曲。随着它的进入，它积聚着动力。如果它没有可以逃离的通道，它就不会变形，它会更深入、更广阔、更强大。然后你接触到一点，那里是黑暗。如何利用这巨大的能量进入黑暗呢？（停顿）

（二）尝试保护自己反对邪恶，也就是在保护自己远离善良

普：我们刚开始时探讨的第一个问题是：如何抑制邪恶？你说只要人穿透到黑暗之海的深处，黑暗就不存在，取而代之的是光明。但是当人类本身存在邪恶，在某种情况下，在某种遭遇中，有没有哪种行动可以抑制这样的邪恶呢？

克：我不会那么表述。抵抗会使邪恶更加强大。所以，如果头脑活在善良中，那么就不会有抵抗，而邪恶也就不会沾染心灵。因此就不存在抑制邪恶。

普： 那样就只存在善良了？

克： 我们要回到另外的一件事情上——头脑进入黑暗，结束了黑暗。但是否存在独立于这一切以外的邪恶呢？或者邪恶是善良的一部分？

你看在自然界中，大生物以小生物为食，而其本身又是更大型生物的美餐。我不会管那叫作邪恶。想要蓄意伤害别人的欲望，是邪恶的一部分吗？我要伤害你，因为你对我做了某些事情，这是邪恶吗？

普： 那是一种邪恶。

克： 那么它就意味着意志。你伤害我，但因为我的骄傲，我想要复仇。想要复仇是一种意志的行为。想要复仇的意志和想要为善的意志都是邪恶。

普： 让我们再次回到魔法图上。邪恶可以在大门没有防护的时候乘虚而入。在这里，你的眼睛和耳朵就是大门。

克： 所以你的意思是当耳聪目明时，邪恶就不能进入。

让我们回头来看，故意的意图、一系列的意图、"深思熟虑"，即要进行伤害的强烈意图，都是意志的一部分。我认为那就是邪恶的所在——故意伤害的行为。你伤害我，我伤害你；我道歉，然后一切结束。但是如果我坚持、固守，故意加强对你的伤害，而这正是人类内心想要伤害或为善的意志的一部分，于是邪恶就产生了。

所以是否存在一种没有意志的生存方式？我抵抗的瞬间，邪恶一定会选择一个立场，而善良选择另一个，这样两者间就存在了关系。当不存在抵抗，两者间就没有关系。爱是一处开放空间，没有任何言辞，没有任何抵抗。爱是来自空无的行动。就像我们昨天讨论的一样，当男性因素刻意变得自负、苛求、占有欲强、控制欲强，人就是在邀请邪恶。而女性因素的服从、服从、再服从，为了达到主宰的目的而故意服从，同样邀来邪恶。

所以，哪里存在对主宰权狡猾的追求，哪里有这样的意志，哪里就是邪恶的开始。我们尝试保护自己远离邪恶。是我们自己制造着邪恶，而又在屋子的门阶处勾画护身符来寻求抵抗邪恶的庇护，却不知邪恶的毒蛇正在屋内活动着。把你的屋子打扫干净吧。忘记所有的咒语，没什么能碰你。我们寻求自己制造的神明的保护，这真是很奇怪的事情。

所有的战争，所有的种族怨恨，人类一直以来积攒的所有怨恨必然导致仇恨的聚集和累积的邪恶。希特勒们、墨索里尼们、斯大林们、集中营们，这一切必然会被储备起来，必然在哪里会存在一个实体。同样，"不要杀戮，要与人为善，要温和，要心怀同情"这样的感情必然也在某处储存着。

当人们尝试保护自己反对邪恶的时候，也就是在保护自己远离善良，因为是人类制造了这两者。那么，头脑可以进入黑暗吗？因为在那进入的一瞬间，黑暗就被驱散了。

1970 年 12 月 15 日

四　唤醒能量

（一）放弃思想的动作

普：当我们谈到密教①经典（Tantra）时你说，存在一种唤醒能量的方式。密教中人（Tāntrics）会专注于某些通灵中心，从而由那些中心释放出沉寂的能量。你认为这样的说法有任何正确性吗？唤醒能量的方式是什么呢？

克：你刚刚提到的专注于身心的各个中心，隐含着一个时间的过程，不是吗？那么我要问，是否不经过时间的过程就可以唤醒能量呢？

普：传统方式要求正确的姿势和呼吸的平衡。如果身体不明白如何坐直，如何正确地呼吸，那么思想就不会终止。要使身体和呼吸达到平衡，时间的过程是不可避免的。

克：我们可以从完全不同的角度来看这个问题。传统通过身心——姿势和呼吸的控制，通过不同形式的专注逐渐达到完全唤醒能量的结果。这是公认的方法。然而不通过所有这些练习，就不存在唤醒能量的方式吗？

普：这就好像禅师们说真正的大师是放下努力的人，而在禅家，要掌握箭术，大量技术上的技巧是必需的。只有当一个人完全掌握时，

_____

① 大乘佛教的一个支派，不经传授不得任意传习及示与他人，因而有"密教"之称。

才可以放下努力。

克：你宁愿选择起始于此端而不是彼端——此端即时间、控制、能量、完善、完美等等的平衡。这一切在我看来就像处理非常宽广的领域中极小的一部分一样。传统对过去、对呼吸、对正确的姿势很重视。这一切都被局限在了整个领域的一个角落里，通过这个角落你希望可以开悟。这个角落变成了一个骗局。通过一些身心技巧，人希望自己可以捕获光明，捕获整个宇宙。我不认为角落里存在着觉悟。这就好像通过一扇小窗户看天空，而从来都不到窗外去看一样。我认为以那种方式去接近某种完全广阔、无限的事物是荒谬的。

普：即使是你也会承认正确的姿势和呼吸可以巩固头脑的结构。

克：我想要从完全不同的角度来看这一切。为了从完全不同的立场出发，很有必要抛弃所有说过的事情。我把角落就看作是阳光下的一支蜡烛。蜡烛在明亮的阳光下被小心地点燃。你丝毫不关心阳光，而是孜孜不倦地去点燃蜡烛。

这里面还涉及其他的事情。已经浪费的能量可以被唤醒。要集中能量，集中全部的能量，涉及注意力和对时间的彻底消除。这里涉及时间和注意力，这注意力并非一种强迫或是专注，也不是以某个区域为中心，而是能量的集聚。我认为这些是一个人需要理解的根本问题，因为觉悟必定是对这广袤的生命、生存的辛劳、死亡和爱的理解、领会及超越。

传统的大师们也认同你必须把精力放在超越时间上。但是他们崇尚角落。他们用时间来超越时间。

普：如何呢，先生？我摆一个姿势，引导我的注意力。这其中有什么时间参与呢?

克: 注意力是时间的结果吗?

普: 不。你问了一个问题,马上引起了注意力。那么这个注意力是时间的产物吗?

克: 不,当然不是。

普: 你的问题和我的注意力就在那儿,其中有时间参与吗?如果你认为有,那么一直都在进行的自我认识过程同样有时间参与。二十年前我的头脑并不知道它现在的品质,当时这种状态并不存在。

克: 让我们慢慢来。我们在试着了解一些时间之外的事情。

普: 传统要求准备好身体和心灵。

克: 通过时间,你准备好身体和心灵去接受、去理解、去摆脱时间的控制。你能通过时间做到这些吗?

普: 传统同样认为,你无法通过时间去超越时间。

克: 我质疑你能通过时间完善这器具。你可以通过时间完善这器具吗?那么,首先,是谁来完善这器具?是思想吗?

普: 只说思想是不正确的,还涉及很多其他因素。

克: 思想、对思想的了解、智慧,这一切都靠思想维护。说思想必须终止、智慧必须产生,这同样也是思想的一种行为——就像说思想者和思想是一体的这句话一样。

对我而言,传统通过思想使这器具达到完美,以最终超越思想,培育智慧并超越时间,这些仍处于思想的领域中。就是这样。因此,思想者就存在于思想本身之中。思想者预言这个一定会发生，这个一定不会发生。思想者变成了取得成就的意志。完善这器具的意志是思想的一部分。

普： 在你刚刚谈到的这个循环里，同样暗示了对思想这个工具本身的质疑。

克： 但是质疑者也是思想的一部分，整个结构也是思想的一部分。你可以划分、再细分并加以改变，然而这一切都在思想的领域——时间之内。思想是记忆，思想是物质；物质是记忆。当我们还在已知的领域中运作时，培育思想的人声称他要通过已知到达未知，完善已知并且达到觉悟。而这些依然都是思想。

普： 如果一切都是思想，那么就有必要产生一种新的工具。

克： 当思想说它自己必须安静于是就变得安静时，那依旧是思想。传统主义者所做的事情都在思想的范畴内，即整个领域的角落里。那依然是思想的结果。真我（ātman）是思想的结果。人们仰望的梵①（brahman）是思想的结果。经历过梵的人与思想毫无关系，事情就那样发生了。然而他的弟子们却站出来，声称要这样做，要那样做，但这都在思想的领域中。

普： 那样就没有过程了。

克： 看看思想是如何欺骗它自己的吧——我必须保持平衡，必须姿势正确，这样生命的能量才能畅通无阻地流动。对吧？我认为思想是

---

① 印度神话中的诸神之长，司创造世界，是印度宗教信仰的主要神祇，用来指代宇宙的终极真实。

过去的。思想可以制造最难以置信的工具——它可以到月球、到金星；但是思想永远不可能触及"另一个"，因为思想永远不会自由。思想是陈旧的，是被限制的，思想就是整个已知。

（二）走进寂静之域

普： 你所说的"另一个"是什么意思？

克："那"不是"它"。

普： 那不是什么？

克："这"在时间的领域内；思想即时间。"那"[①] 处在寂静的领域内。因此，要弄清楚悲伤是否可以停止。从角落里走出来，弄清楚什么是生命，死亡意味着什么，结束悲伤又是什么意思。如果你没有面对"这"，那么与思想玩游戏就没有任何意义。你可以唤醒所有的生命力（kuṇḍalinīs），但是那又有什么意义呢？教人如何唤醒生命力或者禅教人成为射箭能手或者练习密教的各种形式，这些都在时间，即思想的束缚内。我看到了这点，我也看到我在绕圈子。这个圈也许更高，但是它依旧是一个圈，一个束缚，即时间。因此我不去碰它。我不碰它的原因是我看到了这个角落的本质、结构和无序。这个狭隘的角落对我来说毫无意义。当存在美轮美奂的太阳的时候，所有的神功（siddhis）和力量都如同烛光一般微弱。

听到这些之后，头脑可以把它抹去么？这种倾听本身就是抹除。然后就有了注意力和爱；一切都有了。你看，从逻辑上来讲，"这"抓取，

---

① 指彼岸、涅槃或解脱。——译者注。

而"另一个"（"那"）不会。运用头脑是要找到真理和谬误，也就是要如实地看到谬误。当男孩克里希那穆提看到真理的时候，谬误就结束了。他放弃了所有的组织等。他并没有为了"看到"而受过任何训练。

普：但是你受过训练。你完成了一套对身体的有力训练。

克：他们是这么跟我们说的。因为身体被忽视，他们说如果一个人不照顾好自己，他就会生病。

普：但是先生，除了身体训练之外，还存在关于如何激发你体内那个自己的指导。

克：做瑜伽体式（*āsanas*）和调理气息（*prāṇāyāma*），就如同梳理头发一样，它们处于同一个级别。

普：这很微妙。我并不是说所发生的事情和觉悟有任何关系，但是照顾好身体的确很有必要。

克：是的，要保持身体健康。

普：先生，不知我可否这样说，你有瑜伽士的风范，你看起来像一名瑜伽士，你的身体有着瑜伽士的姿态。你一直做瑜伽的动作，调理气息，日复一日，年复一年。为什么？

克：那并不重要。那就如同清洁指甲一样。我认为花费许多年去完善这器具很幼稚。你需要做的一切只是"看"而已。

普：但是如果一个人天生失明，只有当像你这样的一个人过来说"看"时，才会发生一些事情。大多数人并不理解你在说些什么。

克：大多数人听不进去这些话。他们会置之不理。

芭[1]：另一个容易一些。它给了一些东西，然而这什么都给不了。

克：如果你去探索的话，这也会给你一切。

芭：但是另一个容易一些。

克：你看，我对这非常感兴趣。克里希那穆提的心灵如何维持这纯真的状态？

普：你所说的事情并不相关。你也许是一个例外。那个叫作克里希那穆提的男孩是怎么做到这一点的呢？他拥有金钱、组织——一切，然而他却弃之不顾。如果我让我的孙女与你待在一起，除了你她没有其他的同伴，即使是那样，她也不会做到这一点。

克：是的，她不会，（停顿）抹掉所有这些想法。

普：当你这么说的时候，就好像那个禅宗公案一样：鹅在瓶子的外面。你有一个要抹掉的中心吗？

克：没有。

普：那么你没有要抹掉的中心。你是独一无二的，因此你是一个特例，所以你不能告诉我们：我是这样做的，然后它就发生了。你只能告诉我们"这不是"，至于我们是否可以获救，没人能告诉我们。这个我们知道。我们也许不能觉悟，但也并不是毫无启发。

克：思想是时间，思想是记忆，思想所触及的任何事物都不是真实的，我认为看到这些非常有趣。

1970 年 12 月 16 日

---

① S. 芭拉桑达拉姆（S. Balasundaram），以下简称"芭"。

五　第一步即最后一步

（一）一旦执取，就终结了洞察的智慧

普： 你昨天提到：第一步就是最后一步。要理解这句话，我认为需要探究时间的问题和是否存在一种最终的觉悟状态。因为我们的头脑局限地认为启迪就是最终的状态，因此便产生了困惑。领悟或启迪是一种最终状态吗？

克： 你知道，当我们说第一步就是最后一步的时候，我们是不是并没有把时间当成是一次水平或垂直的运动？我们是不是并没有考虑沿着一个平面的运动？我们昨天谈到，如果能够同时抛开垂直和水平运动，我们就可以观察到这点事实，即无论我们在哪里，我们的局限处于哪一个层面，洞察到真理和事实的那一刻，就已经是最后一步了。

例如一个办公室的小职员，被所有的麻烦包围着——这个小职员倾听了谈话，并在某一刻真正有所洞察。那看到、那洞察就是最初的也是最终的一步。因为他在那一瞬间触及了真理并十分清楚地看到了某些事情。正是这洞察带来了解放。但是在这之后，他想要培养这种状态，想要让它永远延续下去，想要把它变成一个持续的过程。这样一来，他便被禁锢了，并且彻底丧失了洞察的品质。

我们说，所有方法、练习、体系都意味着一种过程，一种从水平到

垂直运动的过程，直到最终到达没有运动的一点。如果没有概念上的终点，那么就不会存在过程。

普：整个思维结构都是建立在水平运动上的。

克：我们习惯于水平地从左到右地阅读一本书。

普：任何事情都有起点和终点。

克：我们认为第一章必然不可避免地通向最后一章。我们认为所有的做法都会导向一个结果、一种展现——这都是水平的阅读。我们的头脑、眼睛和态度被局限于水平的运作，最终实现一个结果——书读完了。你问真相或觉悟是否是最终的成果，一个除此之外再无他物的终点……

（二）不要在时间中理解洞察

普：从这一点没有回退。我也许一瞬间触及了"那"的本质。过了一会儿，思想又产生了。我对自己说"我回到了以前的状态"。我怀疑这"触及"是否有任何意义。我在自己和那种状态之间插入了一段距离，一个阻碍——我说，如果那是真实的话，思想就不会产生。

克：我洞察到一些了不起的事情，一些真实的事情。我想要永远保持那洞察，让它在我的日常生活中持续下去。我想这就是错误所在。头脑已经见到了真实，那就足够了。这颗头脑是清晰的、纯真的，没有受过伤害。思想却想要在日常的活动中维持那洞察。

头脑非常清楚地看到一些事物，就把它放在那里。下一步，把它放在那里就是最后一步。因为我的头脑已经清新如初，准备好接受生命每天的运动中的下一步、最后一步，它不背负着过去。那洞察并没有变成知识。

普：自我作为与思想和看到相联系的媒介，必须止息。

克：让关于真相的想法死去。否则它就变成了记忆，然后成为思想，而思想又想要知道如何才能永远保持那种状态。如果头脑清楚看到的话——只有在看到的同时就终结它，头脑才能看清楚，然后就能够开始第一步就是最后一步的运动。这种运动中不涉及任何过程，也没有时间的因素。当已经清楚地看到并洞悉到，想让它持续下去并将它应用到下一次经历之中时，时间就进入了。

普：这种将它持续下去的过程就是没有看到或没有觉察。

克：因此，所有提供一种过程的传统方式一定都具备一个终点、结尾或结局。这就如同说到达车站有许多不同的路。车站是一个固定的点。但是任何有终点的事物都根本不是活的。真理是终点么？是否意味着我一旦上了火车，就什么都不会发生，火车就将带着我直到目的地？是否一旦到达了真实，其他的所有事情，包括你的焦虑、恐惧等等就消失了？还是它以完全不同的另一种方式存在？

过程即意味着存在一个固定点。体系、方法和修持全都提供一个固定点，并声称人只要到达了这一终点，所有的烦恼都会消失。存在真正永恒的事物吗？固定点处于时间中：因为你的假设，因为存在对终点的反复思考，而这种思考就是时间。人能否遭遇这件没有时间、没有过程、没有体系、没有方法和途径的事物？

这个被局限于水平并知道自身以水平方式运作的头脑，能够感知既非水平也非垂直的事情吗？它能够瞬间洞察吗？它可以发现这洞察已经净化并结束它吗？这就是最初和最后一步，因为头脑已重新观察。

你的问题是，这样的头脑就没有烦恼了吗？我认为这是个错误的问题。当你问这个问题的时候，你还在思考终点的问题。你已经得出了一个结论，并再次回到了水平过程中。

（三）在无时间无记忆无思想无自我的当下，才有真正的洞察之光

普： 其中的微妙之处在于头脑必须问根本的问题，而不是去问"如何"。

克： 当然。我清楚地看到并洞察。洞察是光。我想把它作为记忆，作为思想延续下去，应用到日常生活中，因此我引入二元性、冲突和矛盾。那么我要问，我要如何才可以超越它呢？

洞察是照亮心灵的光。它不再关心洞察，因为如果关心的话，洞察就变成记忆了。清楚观察到事物的头脑能够结束那洞察吗？那样的话，最初一步就是最终一步。而头脑在观察时始终是清新的。

对于这样的头脑来说，烦恼终结了吗？不要问这样的问题。看看发生了什么。当我问"这将结束一切烦恼吗"的时候，我已经在思考未来，因此我被困在时间之中。但是我并不关心这些。我洞察，它结束了。这样头脑永远不会被困于时间中。因为每次我在走第一步的同时，也走了最后一步。因此我们看到所有的过程、所有的体系都必须被全部否定，因为它们使时间得以永存。通过时间，你希望达到无限。

普：我知道了，你使用的工具是看和听。它们是感官活动。而局限同样通过感官活动而产生。是什么可以使一种运动完全消除局限而另一种运动却强化它呢？

克：我是如何倾听那个问题的呢？首先，我不知道，我要去学习。如果我为了获得知识去学习，并从知识中产生行动的话，那么这种行动就是机械的。但是当我学习却不积累——感知、倾听，却没有获得——那么，头脑就总是空无的。

那么问题是什么？空无的头脑会被限制吗？它为什么被限制？真正倾听的头脑会被局限吗？它永远都在学习，永远都处于运动中。这不是一种由此及彼的运动。一次运动不能有起点和终点。它是不能被限制的活生生的事物。获取知识来运作的头脑被它自己的知识所局限了。

普：在这两方面工作的是同样的工具吗？

克：我不知道，我真的不知道。塞满知识的大脑通过那些知识、通过那些限制来观察事物。

普：先生，"看到"就如同打开电灯开关。它本身没有任何局限。

克：头脑中充满了图像、文字、符号。通过这些，它思考，它去看。

普：它看到了吗？

克：没有。我头脑中有一个你的形象，我透过那个形象进行观察。这就是扭曲。那个形象就是我的局限。头脑无论是承载着所有事物，还是其中一无所有，都依然是同一个容器。容器承载的内容便是容器本身。当没有内容的时候，容器就无形。

普：那样它就可以接收到"现状"。

克：洞察只有在没有形象、符号、想法、言语和形态的时候才有可能发生。这时洞察就是光。并不是我看到了光，而是光就在那里。洞察就是光，是行动。而被各种形象所充斥的头脑是无法感知的。透过形象观察到的事物是被扭曲了的。我们所说的是真实的，在逻辑上是这样的。我倾听了这些。在倾听的因素中，不存在"我"。而在持续下去的因素中，却存在"我"。这个"我"就是时间。

1970 年 12 月 19 日

六　能量和转变

（一）人的单维运动使能量破碎、压抑

普：科学和瑜伽都坚持的观点是，当活的生命体被暴露在极大的能量中时，就会发生突变。例如，当生命体被过度暴露于辐射中时，就会发生基因突变。同样，在瑜伽中，当思想在能量之火面前被注入意识，突变就会发生。依照你所教诲的内容来看，这些有什么意义？

芭：辐射会带来畸形，可能发生破坏性的突变。镭射光线可以刺穿钢铁和血肉。它同时兼具破坏和治愈的能力。

克：你认为人类的能量是什么？人体中存在哪种能量？让我们简要地回答一下。

普：能量使运动成为可能。

芭：能量有不同的层面：存在物理层面的能量，大脑本身也是能量之源，它发出电脉冲。

克：一切运动、一切行为都是能量。能量在什么时候变得强烈？它什么时候可以做出最让人吃惊的事情？它什么时候可以被引导做出令人难以置信的事情？

普：当它没有被浪费的时候，当它集中的时候。

克：那种情况在什么时候才会发生呢？在生气、憎恨、暴力的时

候会发生吗？在野心勃勃、欲望膨胀的时候会发生吗？抑或是在诗人有渴望、有活力、有能量去创作的时候会发生？

普：这样的能量结晶形成并变成静态固定下来。

克：我们知道能量的这种形式。但是这种能量并没有引发人的思想的改变。为什么？当行动完成的时候，这种能量变得强烈。它何时向不同的空间转移？一名艺术家或者科学家，利用他的天赋，增强能量并将其表达出来。但是他的头脑，他存在的本质并没有被这种能量所改变。

普：其中缺少了某种东西。

克：你问的是是否存在一种能量可以转变人的头脑。现在，我要问为什么在艺术家、音乐家和作家身上没有发生这样的事情？

普：我想是因为他们的能量是单维的。

克：艺术家也有野心、贪婪，也是资产阶级的一员。

苏：你为什么说贪婪会干扰能量运作？人或许有野心，但是他也是善良的。这些是构成他的自我的因素。

克：我们问的是，为什么当人具备那种能量的时候，那种能量却没能引发一次根本性的改变。

普：人在他的环境中运用能量，但是在他的存在中有很大一部分领域没有能量的运动。

克：人往往只在一个方向使用能量，正如他只在一个方向上运动一样，能量在他存在的一部分中是休眠的，而在另一部分中是活跃的。

普：即使人的感官工具也是被部分使用的。

克： 他是一个破碎的存在。这分裂为什么会发生呢？一个碎片极其活跃，而另一些碎片却基本不运作。每个碎片都是普通的、平凡的、琐碎的。这些碎片什么时候能够融合成不琐碎且和谐的能量呢？

普： 当感官工具全都充分运转时。

克： 那在什么时候发生？在发生重大危机时它们是否完全运转起来？

普： 不总是这样，先生。面对危机的行为也可能是片面的；看到一条蛇，你可能跳起来，但是你也许会跳进布满荆棘的灌木丛中。

克： 碎片什么时候才能不再是碎片呢？我们难道不是在从运动、行为和改变的角度来思考问题吗？我们已经接受了"要成为什么"的运动，我们已经接受了分裂。"成为什么"的运动总是碎片中的运动。有没有一种运动不属于这些类别呢？如果根本没有运动，又会发生什么呢？

普： 我总是发现你的这个问题很难理解。这个问题的本质恰恰引出了问题的对立面。

苏： 人真的不知道休眠中的运动。

克： 起初我们讲，分裂是存在的。一个碎片非常活跃，另一个碎片不活跃。

芭： 艺术家的能量，他的全部存在，都在一个维度里运作。那里就没有洞察。

克： 你所说的是另一碎片对它本身并不自知。

普： 艺术家绘画，他同时也爱着一个女人。他没有把这些行为看作是碎片。

克： 我们已经超越了那些。我们看到他是支离破碎的，在碎片中运作——一个碎片活跃而另一个在休眠。在休眠的部分里存在运动——低调的运动。我们看到了这一点。现在的问题是，这个能量能否⋯⋯

普： 它能否整合懒散的部分，改变它的结构，从而两者都发生转变？

克： 我也许是个伟大的雕塑家，但是我的一部分处于休眠中。你问突变是否不仅仅存在于休眠的能量中，也同样存在于创造雕塑家的能量中？问题是我能否接受我将停止做一名雕塑家？因为那可能会发生。当我探索脑细胞可能发生改变这个问题的时候，我可能再也做不了雕塑家了。但是对我而言做一名雕塑家非常重要，我不想就这样放弃。

（二）放弃"我"的追求运动，头脑的能量则将突变

普： 让我们不要考虑雕塑家的问题。现在我们在你面前，你说：看，这种脑细胞结构的改变可能终止所有的天赋，终止一切重要的活动。我们接受你所说的事情。

克： 没错。如果你准备好了放弃，那么接下来会发生什么？那意味着你放弃了天赋、成就和"我"的永续性。那么，脑细胞通过能量的突变何时发生呢？

你看，在通过天赋和其他渠道浪费能量的地方，能量未被完全掌握。当能量完全不运动的时候，我想，就会发生一些事情，于是它就必将爆发。然后脑细胞的本质就发生了变化。那就是我问"为什么我们总是从运动

的角度来思考"的原因。

当向内和向外都没有任何形式的运动时，当没有对经验和觉醒的需求、没有寻找的时候，能量就到达了顶点。这就意味着，人必须否定所有的运动。当那发生时，能量就是彻底安静的，那就是寂静。

就像我们那天提到的那样，当寂静时，头脑就在转变它自己。当它处于彻底的休耕状态而没有人去耕种的时候，它就是安静的，就像子宫一样。

头脑是运动的容器，当运动无形、无"我"、无影像、无画面时，头脑就完全安静了，里面没有记忆。此时，脑细胞就发生了变化。脑细胞习惯于在时间中运动。它们是时间的残留物，而时间在运动中制造出空间，时间是这空间中的运动。当头脑看到这些，看到时间所有运动的毫无意义，所有的运动就都停止了。因此当头脑彻底否定了所有的运动，进而否定了一切时间、思想、记忆，这时就有了绝对的寂静，而不是相对的静止。

这样，重点就不是"如何才能引发突变"，而是探索脑细胞的结构。脑细胞产生的一切活动都延续了时间本身，认识到这点，就终结了所有运动。运动总是在过去或在将来——从过去经过现在到将来的运动。那就是我们所知道的一切，我们想要改变这种运动。我们想要运动，但又想改变这种运动，脑细胞因此得以延续。（停顿）

这出人意料地简单。我们都想要把它变复杂。我不知道你是否看到了这些。任何想要停止运动的努力都是矛盾，进而都是时间，因此根本就不会发生改变。追寻者都在谈论一种更高级的运动，层次化的运动。问题是，头脑可以自己否定一切的运动么？你看，当你观察你的大脑，那中心完全安静，同时又倾听着发生着的一切——过往的车辆，鸟儿的啼叫。我们想要停止外部的噪音，但是保留内在的声音。我们想要停止外在的运动但是继续内在的运动。当没有运动的时候，能量便惊人地集中。因此，突变是对运动的理解和脑细胞自身运动的终止。

1970 年 12 月 21 日

七　观察者与"现状"

（一）"二元性"使我们错误地处理生活问题

普：我们只有深入思想者和思想的本质，才能理解二元性和如何将它终结的问题。我们可以谈谈这个话题吗？

克：印度的思想家和不二论（Advaita）的哲学家们是如何处理这个问题呢？

普：帕坦伽利①（Patanjali）的《瑜伽经》（*Yoga-sūtras*）假定一种有支点的自由状态和一种无支点的自由状态。在前者中，思想者是支柱，在这种状态里，思想者没有止息；在后者中，有一种任何事物包括思想者都止息了的状态。

佛教徒讲"刹那灭论"（*kṣhaṇa-vāda*），说时间是刹那的、完整的、自身圆满的，在其中思想者完全没有延续性。不二论的哲学家们讲二元性的停止和非二元性的实现，通过二元性的过程实现非二元的状态。商羯罗②（Śaṅkara）通过否定（*neti, neti*）来达到这种非二元的状态。龙树（Nāgārjuna），这位佛教哲学家的否定是绝对的：如果你说上帝存在，他会否定；如果你说上帝不存在，他也会否定。每个说法都被否定。

---

① 生活于公元前 200 年左右，被公认为瑜伽的创立者。
② 印度中世纪不二论的著名理论家。

芭： 佛陀说存在的是"现实的孤独"；你是你思想的结果。

普： 佛陀、商羯罗、龙树他们都讲过非二元性。但是非二元性已经成为一个概念。它并没有影响头脑本身的结构。几个世纪以来，在印度，否定的方法被讨论，但是它并没有影响人类的头脑；脑细胞依旧是二元性的。它们在时间里运作并被时间捕获。尽管我们假设了否定和非二元，然而却没有找到理解这些状态的线索。为什么非二元性没有影响人类的头脑呢？我们能否深入探索，看看是否能找到一种激发非二元状态的事物？

芭： 科学和技术进步已经影响了人类的头脑。人类已经发现这种非二元状态，但是它并没有影响人的头脑和生活。

苏： 如果每种经验都在脑细胞中留有印记，那么非二元性、一体性的影响又是什么呢？为什么思想者和思想之间的关系没有发生突变呢？

普： 记录技术的机制与"看到"和"感知"的机制是否相同呢？

克： 大脑中负责处理技术问题的碎片、负责记录与感知的碎片——

普： 它们似乎构成了自我。

克： 是技术和记录的碎片——这两部分构成了自我，而不是感知的部分。

普： 我也将"感知"的部分包括其中。记录关乎两者——技术和感知。

克： 这也许只是个言语解释。

普： 人的核心看起来永远不会受到影响。存在于思想者和思想之间的核心二元性仍在继续。

克：你认为二元性究竟是否存在？抑或只有"现状"，即事实？

普：先生，当你提出这样的问题时，我的头脑是安静的，并承认"是这样的"。然后质疑就开始了——我和苏纳达、和芭拉桑达拉姆不是分开的吗？尽管头脑说"是"，它同样在不久之后也会质疑。你提出问题的瞬间，我的头脑变得安静。

克：为什么不待在安静那儿呢？

普：疑问产生了。

克：为什么？那是习惯、传统、局限吗？是自我运转的本质吗？这一切也许是由于为了生存、为了活动等等而被迫接受的文化重负。为什么在我们观察事实，观察是否存在基本的二元性的时候提到那些呢？

普：你说它也许是脑细胞的一种反射行为？

克：我们是我们所处的环境和社会的产物；是我们的所有相互作用的产物，这同样也是个事实。我问自己，是否在核心处存在着基本的二元性，或者是否只有当头脑远离"现状"的时候，二元性才产生？当我不远离头脑非二元的基本特征时，二元性存在吗？当头脑完全处于"现状"中时，它还能制造出二元性吗？

当我观察一棵树的时候，我从来不思考。当我看着你的时候，不存在"我"和"你"的区分。人们使用文字是出于语言交流的目的。"我"和"你"这两个词并没有根植在我心中。那么，如果头脑待在"现状"中、痛苦中，那么与思想分离的思想者在何处出现？如果不去想无痛的状态，那么有着痛苦的感觉——也就是"现状"，但没有想要逃离它的

感觉，二元性从何而生？当头脑说"我必须除去痛苦，我已经知道无痛的感觉，我想要达到无痛的状态"时，二元性便产生。（停顿）

你是一个男人，我是一个女人。那是生理上的事实。但是是否存在心理上的二元性？是否存在根本的二元性状态，抑或只有当头脑远离"现状"的时候才有二元性？

我的儿子去世了，我很悲伤。我没有远离悲伤。二元性在哪里？只有当我说"我失去了陪伴，失去了我儿子"的时候，二元性才会产生。我想知道是不是这么回事。我有痛苦——身体上或心理上的悲伤，而远离痛苦的运动就是二元性。思想者即远离的运动——思想者说不应该是这样的；他还说不应该存在二元性。

首先需要看到远离"现状"的运动就是思想者的运动这个事实，是思想者引发了二元性。在对痛苦这一事实的观察中，为什么要存在思想者呢？当存在一种向前或向后的运动时，思想者就会产生。在"昨天我没有痛苦"的想法中诞生了二元性。头脑可以与痛苦共处吗？任何远离痛苦的运动都会引入思想者。

头脑在自问：这种关于生命的二元性看法是如何产生的？它并不是在寻求一种如何超越的解释。我昨天快乐过，它结束了。（停顿）难道不就是那么简单吗？

普：不是。

克：我认为是。你看，这暗示了没有比较的观察。比较是二元的，衡量也是二元的——今天存在痛苦，就存在与明天不痛苦的比较。但是只有一种事实：那就是心灵正在经受痛苦。其他什么都不存在。我们为什么要把它变得复杂？我们为什么要围绕着这一切建立庞大的哲学？我们忽略了什么吗？是否因为头脑不知道要做什么从而远离事实并产生了二元性？如果它知道，那还会产生二元性吗？"要做什么"本身是否就是一个二元的过程？你明白吗？

让我们再来看一下。身体和心理上存在着痛苦。当头脑不知道在非二元的感觉中能够做什么，它逃离了。被困在陷阱中，被困在后退和前进的运动中的头脑，能够以一种非二元的方式来应对"现状"吗？你明白吗？

所以我们要问，疼痛、"现状"，可以不通过二元的活动被转化吗？是否存在一种不思考的状态，在其中根本不存在思想者，即那个声称"我昨天没有痛苦，我明天也将没有痛苦"的思想者？

（二）与事实简单地共处是唯一的好办法

普：看看我们身上发生了什么。你所说的是对的。但是我们身上缺少了什么，可能是力量，能量。当出现巨大危机的时候，这危机的重量足够让我们进入一种不去远离危机的状态；但是在每天的生活中，我们有很多琐碎的挑战。

克：如果你真的明白这些，你就会面对这些琐碎的挑战。

普：在每日的生活中，我们身上都有带着欲求的思想者运作时喋喋不休的不稳定运动。我们该怎样应对呢？

克：我认为你对此什么也不能做。那不重要。这就是否定。

普：但是那非常重要。那就是我们头脑的样子。人没有能力去忽略它。

克：听，外面有噪音。我对此什么都做不了。

普：当存在危机的时候，就会产生联结。在正常的生活中是没有联结的。我出门去。我可以看一棵树，并不存在二元性。我可以不带二元性地看着颜色。但是还有另外一种东西——一个躁动而愚蠢的部分在喋喋不休。当看到它在活动的时候，思想者开始对它施加影响。最大的否定就是置之不理。

克：先解决首要问题——观察疼痛而不远离它，这是唯一的非二元状态。

普：让我们不说痛苦，来说说喋喋不休的头脑吧，因为这是我们此刻的事实。那个喇叭的噪音、那个喋喋不休的头脑，就是"现状"。

克：你倾向于这个而不喜欢那个，因此引发了整个循环。

普：重点是观察而不远离"现状"。远离产生了思想者。

克：噪音、喋喋不休——也就是"现状"，已经消失了、褪去了，但是疼痛依旧在。疼痛没有消失。要非二元地超越疼痛，是问题所在。要怎样做到这一点呢？任何远离"现状"的运动都是二元的，因为其中有思想者在对"现状"动手脚。如果没有二元的运动发生，是否就能够转变"现状"？你明白我的问题吗？也就是说，二元运动的停止是否可以转变"现状"？

普：那不正是消除了"现状"吗？

克：我只知道"现状"，不知道其他，不知道原因。

普：就是那样了。你可以看到，当没有远离痛苦的运动时，就消除了痛苦。

克： 这是怎样发生的？人为什么没有做到这一点？他为什么要通过二元的运动来对抗痛苦？他为什么从来都是借助二元的运动来理解或深入痛苦之中？当没有远离痛苦的运动时，会发生什么？并不是在痛苦的消除方面，而是其中运作的机制会发生什么？很简单。痛苦是远离的运动。只存在倾听的时候是不存在痛苦的。只有当我们远离事实并说"这令人愉快""这令人不快"的时候才存在痛苦。我的儿子去世了。那是绝对的、无法变更的事实。为什么那会存在痛苦呢？

普： 因为我爱他。

克： 看一看不知不觉中已经发生了什么。我爱他。他去世了。这痛苦是回忆起我对他的爱。他不在了。但是绝对的事实却是他已经过世了。与这个事实共处吧。只有当我说他不在了的时候，也就是当思想者产生并说："我的儿子再也不在了，他是我的伙伴"等等时，才有痛苦。

苏： 不仅仅是对我死去的儿子的痛苦记忆，现在又有了孤独感。

克： 我儿子过世了，那是个事实。然后产生了孤独的思想，其中就有我对他的认同。这一切都是思想和思想者的过程。但是我只有一个事实，那就是我儿子死了。孤独感、缺少陪伴、绝望，这些都是思想的结果，这些产生了二元性，即远离"现状"的运动。而不从中远离，则并不需要力量或者决心。决心是二元的。

这里仅仅存在着事实和我要远离事实、远离"现状"的运动。是它引起了悲痛、无情、爱的缺失、冷漠，这一切都是思想的产物。事实是我的儿子过世了。

这种对"现状"的无知无觉产生了思想者,即二元的行为。当头脑再次陷入二元行为的陷阱,那就是"现状"。与之共处吧——因为任何远离它的运动都是另外一个二元的行为。头脑总是从有噪音或没噪音的角度去面对"现状"。而"现状"、事实,不需要转化,因为它已经"超越"。愤怒是"现状"。想要不愤怒的二元运动是远离"现状"。离开"现状"的运动,不再是愤怒。因此,头脑一旦洞察到,一旦它有了非二元的洞察,那么当愤怒再次产生的时候,它就不会根据记忆来行动。而所谓下次愤怒产生,那就是"现状"。头脑总是在处理"现状"。因此二元的概念是完全错误的,是谬误的。

普:这是巨大的行动。二元的行动不是行动。

克:你得简单一些。不聪明、不狡猾、不尝试去找寻二元行动的替代品的头脑,才能够理解。我们的头脑不够简单。虽然我们都在谈论简单,但那个简单只是徒有其表而已。

非二元实际上意味着倾听的艺术。你听到狗在叫——只听,不要做任何远离它的运动,与"现状"共处。(停顿)一个与"现状"共处并且从不远离"现状"的人,不会留下痕迹。

普:当痕迹产生,就看着它们发生。一次洞察的行动就可以除去这痕迹。

克:很正确。那就是生活之道。

1970 年 12 月 25 日

八　逆流运动

（一）凡有意欲所为，都不能达到真正的解放

普： 我想请教关于逆流运动的事情，在这种状态中视觉、听觉和性能量被收回。在《瑜伽经》中，有一个词叫作"回溯（*parāvṛtti*）"，它表示一种思想回归自身的状态。是否存在这样一种状态，如同将向外流动的感知和思想收回来，使其回归自身一样呢？

克： 就像把手套翻过来吗？你的意思是思想反过来看自己或者是吞噬自己，就是逆流运动吗？

普： 从文字层面看这是一个关系到经验的问题。

克： 你问的是是否存在一种状态，在这种状态下，听觉、视觉和性能量把它们自身收回来并产生一种逆向运动？你所说的"逆向"是什么意思？你是说听觉、视觉和性能量被撤回而不是被向外推动吗？

普： 眼睛、耳朵和性能量的正常运动是一种向外的运动，与对象相连接。能否把感官从对象中解放出来并且将这种感官向内引入？

克： 我想知道，在这种向内引入、不听、不看、不扩张性能量的过程中，并不存在一种可以听见声音，看到一切，却又完全安静的状态———种内敛的、没有欲望存在的状态。是不是这样？

普： 那不是抑制欲望。

克：是否存在一种状态，双耳可听，双目可视，万物皆存，然而却没有感官欲望？我认为存在这样一种状态，一种存在感官知觉却不存在欲望的状态。不是因为人变老，失去了活力，而是不存在欲望——观看、触摸的感受以及出于那种感受想要占有的欲望。

普：当不存在命名的时候，倾听的过程会发生什么事情呢？

克：你听到那声警笛了吗？当你听到警笛的时候，就发生了声音的震动和对震动的解读。现在你能够不带有记忆的任何运动即思想，倾听那声音吗？你可以只听见声音吗？能否没有形象、没有命名、没有解读，能否只存在声音呢？就是那样。一切声音都出于寂静。因为思想活动的终结，故而从空无中能够听见声音。以同样的方式，能够从空无中看到事物吗？我看到你，看到瓶子；因为没有构成形象，所以不存在形象，不存在联想或思想的运动。因此从真正的空无、寂静之中，有一种"看到"产生。你说的撤回感觉，就是这个意思吗？

普：我的问题从文献中产生。在中国和印度，这种撤回被认为非常重要。

克：这很简单。你问的是不是：你能否不带着欲望、满足或反应去看一个女人、一个男人或一件美丽的物体？这很简单。

普：这对你来说简单。看看我们的难处吧。

克：比如我看到一个美女、一部靓车、一个孩子、一件家具等。能否不带任何取舍的运动来观察它呢？这很简单。看与听一样。我把它们看作同一个运动，而不是分开的运动。尽管看和听的工具是不同的，但其实它们全部都是一种运动。

普：欲望先于神明而存在；甚至先于人类诞生。生理需求和冲动都基于欲望。你如何能够声称本身具有自我推动力的欲望不存在呢？

克：我们来说说清楚。我看到一辆美丽的汽车，一辆真正漂亮的车——

普：让我们来举个例子，我深深地陷入爱情之中。我被那种欲望折磨、伤害。我能够不带有欲望地看对方吗？

克：你想要问的是什么？

普：是否存在一种感官知觉的真正撤回？

克：我想知道我们是否在讲同一件事情。

普：汽车，甚至也许女人都能够不被命名地观看。但是我们却充满了问题，充满了命名的问题。这并不简单。

克：我想知道命名的问题是否和知识不相关。

普：先生，孩子并不懂多少知识，然而命名却是一种自然的反应。我质疑的是这种向内运动的本质。

克：我不确定我是否明白你想说什么。把寻求满足的感官欲望撤回，是有这回事，但你为什么使用"向内"这个词？

普：有深入探究的练习。闭上双眼，关上耳朵，你可以深深探究内心。探究有任何有效性吗？

克：当然了。你所说的"探究"是关闭眼睛和耳朵，在那种状态下，是存在着一种探究，还是所有运动的终止，而那运动看起来好像是你在进行深入探究？而当你真的闭上眼睛和耳朵，在内部和外部都没有任何运动，没有寻求满足的欲望及其所有的挫折；当那发生的时候，就有完全的寂静。而你使用"探究"一词的时候，就已经暗示了二元性。

普： 你听见了那声喇叭响。对你来说，那里面没有任何噪音吗？

克： 没有。

普： 这很不一般。对你来说没有噪音。当你捂住耳朵，内心没有与你分离的声音吗？我们听见内心有个声音。你听不到吗？

（克里希那穆提闭上眼睛和耳朵）

克： 听不到。但是人必须要保持清醒。当双眼闭上的时候，人通常会看到斑点。如果人去观察那些斑点的话，它们就消失了。

普： 那里不存在扩张、收缩吗？

克： 什么都没有。当我闭上双眼，那里绝对什么运动都不存在。

普： 那意味着你的整个意识是不同的。当我闭上眼睛，那里存在太多不同的图形了。对你而言既没有声音的运动，也没有图形。

克： 那就是我想要深入知识这个问题的原因。没有读过《瑜伽经》和宗教书籍的人，对他而言只存在一种完全的空无。

普： 那不是因为他没有读过任何宗教的书籍。

克： 知识没有来干扰。

普： 同样的现象不会发生在任何对宗教典藏无知的人身上。它不会发生在共产主义者身上。

克： 知识作为图像在起着干扰作用。图像由知识和经验产生。如果不保留知识的话，会发生什么呢？绝对的安静——眼睛、耳朵和欲望都没有运动。为什么你要把这当作特殊的事情来对待？被联想、观念、想法、图形所捕获并陷于其中的人，其头脑不是清空的。

普： 你所说的是对的。有很多次你说的话都对我适用。

克： 我的观点是，那些谈论着向内运动的人是否知道它的二元本质呢？

普： 他们一定知道。《瑜伽经》中说观看者无非是看的工具。他们做出那样绝对的论述。

克： 也许洞悉了真相的人说观看者和看是一体。然后追随者们就一拥而上，在没有经历过这种状态的情况下制定理论。我无法把观察者与被观察者分开。当我闭上双眼，根本不存在观察者。因此就不存在与向外运动相反的向内运动。

普： 你是否把自己看作一个人？

克： 如果你指的是身体——是的。作为一个自我，作为一个在讲台上讲话、行走、爬山的人，则不是。

普： 那么存在的感觉，"我存在"的感觉，在你身上不存在吗？

克： 我从来没有过的东西之一，就是"我"的感觉。从来没有。

普： "我存在"是我们所有人的核心。它是我们存在的本质呀。

克： 克里希那穆提的外在表现似乎暗示有一个人，但是在核心处却没有人。我真的不知道它是什么意思。你问的是，在我之中，是否存在一个中心，一种"我存在"的感觉。不。"我存在"的感觉是不真实的。

普： 它并不像那样明显。但是存在感，我们体内自我的核心，并未被发现。有某种事物把它凝聚在一起，只要它存在，你所说的对我们而言就不适用。

克：这个人身上没有过去的运作，没有作为中心的"我"。你需要很小心地探索此事。就像我们之前有一天讲过的，第一步就是最后一步。最初的洞察就是最终的洞察，第一次洞察的终结就是新的洞察。因此，在第一次洞察和第二次洞察之间存在一段空白。在那段空白里，没有思想运动。当关于第一次洞察的记忆留存下来的时候，就会存在思想活动，然而当洞察结束，就不会有思想运动。头脑无法清空它本身每一次的洞察吗？头脑不能让每一次表达死去吗？如果它可以的话，那么"我存在"的根基又在哪里呢？当头脑处于那样的状态时，会不会发生任何形式的运动呢？当视觉、听觉和欲望作为靠近或远离的运动不存在时，为什么头脑要有任何形式呢？观察就是观察者本身，这其中不存在二元性，但是那些使这个说法成为公理的人们并没有亲身经历它，因此它还仅仅是一个理论。

普：经文上说存在不同类型的解放：与生俱来的解放——一些人生来就如此，这是最高形式的解放；还有作为巫术一部分的通过药物实现的解放；还有通过瑜伽姿势和呼吸控制实现的解放；还有通过领悟实现的解放。我总觉得你从未向我们解释解放在你身上是如何发生的。你的头脑是不是也像我们的头脑一样，然后经历了突变？如果是这样，那么就存在一种自己看到并转化自我的可能性。但是即使有这种可能性，也并不重要。我意识到其他人的看到不能帮助我看到。我看到的才是我自己的。人就只能走到这一步，无法再深入了。

（二）执着于解脱，会束缚得更紧

克： 就像你所说的，解放被划分为两种类型：天生自由的解放；通过药物、瑜伽、呼吸控制和领悟实现的解放。这些仅仅是对一个非常简单的事实的解释。

普： 你的头脑和我们的头脑不同，这是个简单的事实。

克： 所有这些——药物、呼吸、领悟过程中付出的巨大努力——我却不觉得它真的起作用。

普： 我不关心书上怎么说。我非常关心我的头脑何时开始念头不休。在洞察的一刻，我看到自己内心的某些东西褪去了。但是我没有摆脱想要结束这种念头不休的欲望。

克： 你是否真的想结束它？

普： 是的。

克： 那它为什么没有结束呢？你看，这很有趣。头脑的念头不休没有终止。

普： 那就是为什么我的头脑拒绝观察——没有行动去终止它。

克： 为什么？你想深入其中吗？

普： 是的。

克： 首先，如果你的头脑念头不休的话为什么你要反对？如果你要终止这种念头不休，那么问题就产生了。二元性是终止"现状"的欲望。为什么你要反对它？噪声存在着，汽车驶过，乌鸦在聒噪。让喋喋不休继续吧。我不会抗拒它。我不会对它感兴趣。它在那里。它毫无意义。

普： 这是你的重点。如果你要问我你的教诲中最重要的是什么的话，非它莫属——对自己说，对念头不休的头脑说：不要去管它。没有老师曾经这样讲过。

克： 那就意味着外围的影响在中心没有意义。

普： 所有的老师都讲要结束念头不休，要结束外围的影响。

克： 你没有看到当喋喋不休变得无关紧要时，它就结束了吗？它的运作过程其实很奇怪。我想这就是专业人士所忽略的核心之处吧。你会说上师只关心外围的改变吗？

普： 不。他关心的是中心的改变。对你而言，中心和外围不存在差别。在所谓的中心里，存在最初和最终的一步。上师们会说：消除外围的嘈杂不休。

（三）放下"求解脱"，当下得解放

克： 当阳光普照，我们对它不能做任何事。当没有阳光的时候，我们又要做什么呢？（停顿）从"让它喋喋不休下去吧"的说法中，人们会得出什么呢？事实是不存在二元性的，并且观察者始终都是被观察者。外围的噪音是观察者的噪音。没有观察者就没有噪音。当存在抗拒时，观察者就产生了。人能否真正懂得：观看者就是看，而不把这句话作为公理和解释接受呢？但是我们却看到专业人士把它变成了一个口号。

对那些服用药物、多年来调适呼吸的人来说，存在解放吗？那些做法可能会带来心灵的扭曲。对于分析问题并且试图弄懂问题的人，你认为他能获得解放吗？所以如果你否定那一切的话，解放就在那里触手可及。它被拱手相送。那会带来非凡的纯净、透明、清澈的独自感。

永远不要重复任何事情；永远不要说你所不知道的、没有经历过的事情。

1970 年 12 月 26 日

九 时间和衰败

（一）时间成为欲望的表义

普：你所教导的关键似乎在于对时间的理解。人类的头脑，脑细胞的结构通过一种内在时间感——也就是昨天、今天和明天，形成了现在的状态。沿着这个轴线，头脑维持着自身。你看起来是要使这个过程爆发、突破，从而带给头脑一种全新的时间状态。时间的循环如何停止呢？

你关于时间的概念是什么呢？佛陀谈到生与死的无尽循环，即昨天、今天和明天，以及从这个循环中解放。

克：什么是时间？它是不是从过去经过现在到达未来的运动？是不是不仅仅从外在，同样也从内在进行的从昨天到今天并进而到达明天的运动？或者，时间是不是涉及跨越物理或心理上的距离——即要去实现、完成和到达？或者，时间是不是与死亡一样的一个终结？或者，时间是对愉快与不愉快的经历的记忆？用于学习的时间和用于忘记的时间——这些都是时间。时间不只是一个概念。

普：我们所知道的时间是一种延续的感觉，像钟表显示的时间。

克：时间是延续，是一种过程，一种继续和一个结束。不只存在钟表显示的物理时间，同样还有内在的心理时间。钟表显示的时间非常清楚——登月需要钟表显示的时间。还存在其他的时间吗？

普：我们通过钟表、日出与日落看到时间。心理上的时间与那并没有什么不同。如果物理上的时间有效，那么明天我还将存在的说法同样也有效，不仅是在物理上有效，也同样在心理上有效。所有的"要成为什么"都与明日相关。

克：所有的要成为，不仅是钟表的时间，同样也是想要变成的欲望。

普：因为存在明天，后者才可能实现。

克：你认为如果没有物理的时间，就没有心理时间吗？

普：我质疑你对物理时间与心理时间两者的区分。

克：我去马德拉斯①，那需要像今天和明天这样的时间。我们也可以看到，因为存在像昨天、今天和明天这样的时间，人会变得不同，会改变自己的性格，会变得"完美"。

普：显而易见，时间并不能造就完美。但是思想运动的本质、萌发是在时间中的投射。我质疑你所做出的区分。

克：我知道物理上的时间存在。即使我不想关于明天的事情，明天还是存在。为什么我确信在钟表时间之外还存在一个明天呢？这很清楚。今晚我要去散步，现在和去散步之间有十小时的间隔。同样的，我现在是这样，而我想要变成别的样子。这其中同样也涉及时间。我问自己究竟是否存在这种心理上的时间。如果我根本不去想散步的事情，或者不去想我要达到的另一种状态，那么还存在时间吗？

普：某些衡量是需要的。

---

① 印度南部城市，1996 年改名为金奈。

克：我只需要物理的衡量，不需要心理的衡量。我不需要说我将成为那样，我将实现、我将达成我的理想。这一切都涉及时间。如果它不进入我的意识，那么时间在哪里呢？只有当我想要把这改变成那的时候，才存在时间。而我没有这样的欲望。

普：只要存在改进的欲望，为达到更好而改变——这对我来说是个事实，那么时间感就是正当的。

克：两年前，我没有恰当地进行练习。这两年里，我学习并进步。我把同样的说法应用到内在过程中，即我说：我是这样，我将用两年的时间去改进。

我只知道物理的时间，不知道任何其他的时间。为什么除了物理时间、钟表时间外，你还有其他的时间呢？为什么？

你看，这里涉及的问题其实是运动——改进的运动，这种运动需要物理上和心理上的时间。除了思维运动外是否还有其他运动呢？思想是时间——思想说：我已经如何，我将要变得如何。如果思想仅仅在物理运动中起作用，那么还存在其他的时间吗？如果没有心理上的存在、心理上的终结，那么还存在时间吗？我们总是把物理时间和心理时间联系在一起，并且说："我将如何。"这个动词"成为"就是时间。

那么，当你不想以这种或那种方式做任何事情时，会发生什么呢？

普：如果人没有这种"成为什么"的时间运动，会发生什么呢？

克：他会被摧毁。因此成为的运动是一种保护的运动。

普：那么时间这样的保护运动是必需的。

克：没错，防火保护是必需的。但是存在其他形式的保护吗？

普：一旦你承认防火保护，那么其他的保护就是同类性质的。

克：如果心理上的时间不存在，是否还需要保护呢？

普：你所说的没错。如果另一个不存在的话，就没有需要保护的东西。但是我们看到存在着另一个。

克：你接受存在另一个。你理所当然地认为它就在那里。但是它存在吗？我需要物理上的保护——食物、衣服和住处。物理上的保护是绝对必要的；此外什么都没有。物理上的保护涉及时间。但是为什么要有对可能根本不存在的事物进行保护呢？你要如何从心理上保护"我"？那就是我们正在做的事情。我们为了保护不存在的事物而做某些事情，并因此虚构出了时间。因此，从心理上讲，并没有明天，但是明天存在，因为我需要食物。

（二）活在空境之中，不需要时间意义

普：如果人明白了这一点，那么在其中存在时间的终结吗？

克：这就是了。（停顿）我们可以再深入探索一下吗？意识是由意识内容组成的。意识不能脱离意识的内容而存在。意识内容由时间构成。意识是时间，是我们试图要保护的。我们用时间去保护被时间所限制的状态。我们尝试去保护不存在的事物。

如果我们观察意识的内容，会发现记忆、恐惧、焦虑，"我相信""我不相信"，这些都是时间的产物。思想说这是我所拥有的唯一，我必须保护它，保护它远离每种可能存在的危险。思想要保护的是什么？是言辞？是死去的记忆？还是一种助长了从这到那的运动的模式？除了作为

思想的一种发明外，存在这样的运动吗？

诞生于记忆的思想运动是来自过去的，尽管它可能看上去是自由的。因此，思想无法带来根本的改变。它无时无刻不在欺骗自己。当你看到这一点的时候，究竟是否存在自我保护的时间呢？如果人真的理解了这一点，那么人的一切活动将会截然不同。那样，人就会只从物理方面而不是心理方面进行保护。

普：那岂不是意味着一种空虚的状态、一种内在的无意义的空虚吗？

克：如果我只保护物理层面而无其他，显然，这就像保护一个玻璃杯。因此，人害怕空虚，害怕无意义的空虚。但是如果人看清了这整件事情的话，就会发现那里存在着一种极其重要的空无。

（三）消除时间中的残酷、恐惧

苏：时间是否具备能产生影响的一点？人要如何知晓时间的结构？

克：我们活在后悔与希望之间。如果没有运动，没有心理上的往复运动，那么什么是时间？它是意味着衡量的高度吗？如果没有衡量，没有运动，没有往复运动，没有高度和深度——实际上完全没有运动——还存在时间吗？同样，为什么我们认为时间是如此的重要呢？

普：因为时间是年龄，是衰败，是衰退。

克：继续下去。时间是衰败。我看到这个年轻健康的身体变老，死去，整个机能松懈下来。这是我所知道的一切。再没有其他了。

普： 思想也在恶化。

克： 为什么它不应该腐坏呢？它是腐败过程的一部分。为了达到，为了成功，我把心灵变得残酷，这些都是非自然衰败的因素。然后，我剩下了什么？身体变老。我产生了遗憾——我再也不能登山了。所有心理上的努力都要结束了，我害怕了。所以我说："我一定要有来生。"

普： 年龄的增长会减弱观察和感知的能力吗？

克： 不，如果你还没有被伤痕、记忆、争吵所损坏的话。

普： 如果已经那样了呢？

克： 那么你就将为此付出代价。

普： 那就没法补救了。

克： 在任何一点上，第一步都是最后一步。

普： 因此时间可以在任何一点上被消除。

克： 当头脑说"让我洞察这整个的运动，并且在这一秒钟彻底洞察"，在那一秒钟里这个头脑就变得年轻。但是随后这个头脑想将经验延续下去，因而再次衰败。

普： 这个延续便是"业"（karma），"业"也是时间。

克： 存在过去的行为、现在的行为和将来的行为。原因永远不是一个静态的事物。结果变成原因。所以总是存在一种变化中的连续运动。

普： "业"本身具有有效性。

克： 我种下种子，它会成长。我在女人体内播下种子，孩子就会成长。

普：因此心理上的时间作为"业"而存在。它有真实性。

克：不。它是真实的吗？当你看的时候，它就停止了。让我们来看因果这个问题。我在土壤中种下种子，它生长。如果我种的是橡子，那么它只能长出橡树。播下什么种子，就会长出什么树。我无法改变它。

苏：在心理行为中结果能够被改变吗？

克：当然可以。不管出于什么原因，你打了我一耳光——也许是身体上的或者是语言上的。那么，我的反应是什么？如果我回击你，运动就会继续。但是如果在你打我的时候，我没有反应，那么会发生什么呢？因为存在观察，我就从那种情况中脱身了。

普：我理解那个层面。我开始了一个运动过程。我观察。过程终止。那个行动影响了另一个人。它会影响其他人。

克：它将会影响其他人——你的家庭，你周围的世界。

普：由我的行为产生的反应，从某种程度上讲，独立于我的行为而存在。

克：波动会传递开来。

普：这波动就是"业"：某种能量被释放，它会产生自己的结果，除非遇见可以终止它的其他头脑。

克：只有当我们两个人在同样的层面、同一时间、以同样的强度看到它时，波动才会终止。这意味着爱。否则你是无法结束它的。

1970 年 12 月 27 日

十　生与死

（一）我们的头脑制造生和死的恐惧、困惑

普：一定有一种方式去学习如何死亡。学习如何死亡对我们每一个人都至关重要。

克：传统主义者和专业人士们是如何回答这个问题的呢？——专业人士，我是指上师、商羯罗师（Śaṅkarācāryās）、首座商羯罗师（Adi Śaṅkarācāryās）、瑜伽修行者们。

普：传统把生命划分成不同的阶段。当一个学生，一个男孩师从于一位上师的时候，这个阶段是独身状态，他处于梵志期（*brahmacarya*）。第二个阶段是家住期（*gṛhastha*），他结婚生子、寻求财富的积累等。他同样也供养印度僧人和孩子们，因此他供养社会。在第三个阶段，隐居期（*vānaprastha*），他走出对世俗之物的追求并且面临着为最后一个阶段——苦行期（*sannyāsa*）做准备。在苦行期这个阶段，他放弃了姓名、家庭、身份——以一件藏红长袍作为标志性的穿着。

也有一种说法，在死亡的瞬间，人所有的过去种种都将汇聚。如果他此生行为的因果是好的，那么在他死亡的时候，保留在他头脑中的最后一个想法会继续下去。那会被带到来生继续。他们也说在死亡的时刻头脑保持安静并且完全清醒是必需的，为了熄灭业。

克：一个传统的人会历经这一切吗？还是说这只是一些堆砌的文字？

普：一般来讲，先生，正统的印度教徒会让人在他死时唱诵《薄伽梵歌》①，以让他的思想能够与家庭、恐惧、财富等这些紧密相关的事物断开。这并没有回答我的问题。个人如何能够学习怎样死亡？

克：以春天的一片叶子为例——它是多么娇嫩脆弱，却具有非凡的力量，在风中挺立；夏天，它变得成熟，秋天，它变黄然后老去。这是可以看到的最美丽的景象之一。整个过程是一场美的运动，是敏感之物的运动。娇嫩欲滴的叶子，在夏季变得丰满，成形，而当秋天到来的时候则变得金黄。从不会在盛夏的时候带给人任何丑陋枯萎的感觉。这是一个从美丽到美丽的永恒的运动。春季的叶子和即将死去的叶子都有一种完满。我不知道你是否看到了这一点。

人为什么不可以像这叶子样生与死呢？是什么从开始到最后一直在破坏他？看看一个十一二岁或十二三岁的男孩——他是多么快乐啊。到四十岁时他变得冷酷和粗暴，他的整个行为和表情都改变了。他被束缚在模式中了。

人要如何学习生与死，而不仅仅是学习如何死？人要如何学会活过这一生呢？死亡是一生中的一部分；终结、死亡是生命固有的一部分。

普：死亡如何变成了生命固有的一部分呢？在时间上，死亡是将来发生的事情。

克：没错。我们把死亡排除在外，排除在生命运动之外。它是要

---

① 印度教的重要经典与古印度瑜伽典籍。

避免、躲开，不要去想的事情。问题是：什么是生，什么是死？这两者必须结合起来，不能分开。我们为什么要分开它们呢？

普： 因为死是与生截然不同的一种体验。人们并不了解死亡。

克： 是吗？我的问题是：为什么我们要把这两者分开；为什么它们之间存在这样巨大的鸿沟？人类把两者分开的原因是什么？

普： 因为在死亡中，已经显现出来的变得不复存在；因为在生与死中存在着绝对的神秘感；一种是出现，一种是消失。

克： 那是不是我们要把两者——孩童的出世和老人的逝世分开的原因？那就是人们分开生死的原因吗？很显然存在着开始和结束：我出生，我明天将死去。为什么我不接受呢？

普： 死亡关乎"我"的终结——我所经历的所有事情的终结。

克： 那就是内在划分的原因吗？那似乎并不是人们将生死划分开来的全部原因。

普： 是因为恐惧吗？

克： 是恐惧使我把生与死分离开吗？我了解什么是生，什么是死吗？我知道快乐、愉悦，那代表的是生，并认为死亡就是这种快乐与愉悦的终结吗？那就是我们将一种运动称为生而将另一种运动称为死的原因吗？我们称之为生的运动，是生吗？或者它仅仅是一系列的悲伤、快乐、绝望？那就是我们所说的生吗？

普： 为什么你要赋予它特殊的含义呢？

克： 有其他形式的生吗？那是每个人的命运。人将某些东西与他自身视为一体，人害怕这些东西终结。因此他想要延续这个叫作生命的东西，让它永远不要结束。他想要继续他的悲伤、快乐、痛苦、困惑以及矛盾。他想要同样的事情继续下去，永不终结。那一切的结束，他称之为死亡。那么，头脑在其中做了什么？

头脑困惑了；它处于矛盾和绝望之中，它陷于快乐和悲伤之中。头脑将之称为生，并且不希望它终结，因为头脑不知道如果终结了，将要发生什么事情。因此，头脑害怕死亡。

我问自己，这是生吗？生一定有与这不同的意义。

普： 为什么？为什么它要有不同的意义？

克： 生是成就，是挫折，是所有正在发生的事情。我的头脑习惯那样，并且从没有质疑过是否那就是生。我的头脑从未问过自己：为什么我要称之为生？是出于一种习惯吗？

普： 我真的无法理解你的问题。

克： 毕竟这是我必须要问的问题。

普： 为什么我要问呢？

克： 我的生命，从我出生到死亡是一段无尽的挣扎。

普： 生是行动、看、存在——生的全部就在那儿了。

克： 我看到美——天空、可爱的孩子。我同样看得见我与我的孩子和邻居之间的矛盾；生命是在矛盾与快乐中的一场运动。

普： 为什么我要质疑它呢？只有当存在悲伤，存在很多痛苦的时候，头脑才会质疑。

克： 为什么当你快乐的时候不去质疑呢？

普： 先生，生命不是一系列的危机。痛苦的危机是少数的。它们很少会发生。

　　克：但是我看到它确实在生命中发生着。我看到它发生并因此质疑生与死的划分。

　　普：你是这样，但是其他人不是。我们看到生与死之间存在着划分；它对我们而言是一个事实。

　　克：你是从什么层面，什么深度，带着怎样的意义做出这样的表述呢？它当然是一个事实。我出生，我会死亡。然后再也不需要多说什么了。

（二）在头脑的纯净中看到生死真相

　　普：这还不够。我们问的问题是怎样学习死亡……

　　克：我说同样也要学习怎样生存。那么会发生什么呢？如果我学习了怎样生，我也会学习怎样死。我想要学习怎样生。我想要学习悲伤、快乐、痛苦和美。我学习，因为我在学习怎样生就是在学习怎样死。学习是一种净化行为，而不是获取知识。学习就是净化。如果我的头脑是满的话，我无法学习。头脑必须涤净本身再去学习。因此当头脑想要学习的时候，它必须自我清空，忘记它知道的一切事情，然后它才可以学习。

　　所以那就是我们大家都知道的生。首先应该要学习这种日常的生活。那么，头脑能够学习而不是累积吗？如果不理解学习的第一步中都包含了什么，头脑能够学习吗？包含了什么呢？当我不知道时，我的头脑能够学习。头脑能否不知道？这样它才能够学习生——包含了悲伤、痛苦、困惑、矛盾的生。它能够达到一种不知道因此可以学习的状态吗？这样的头脑能够学习生也同样能够学习死。

真正重要的不是学了些什么，而是学习的行为本身。头脑只有当不知道的时候才能学习。我们通过对生命的知识，通过原因、结果、业报的知识来接触生命。我们带着"我知道"的感觉，带着结论和模式来面对生命。我们的头脑充斥着这些东西。但是我对死亡一无所知。因此我想要学习死亡，但是我无法学习死亡。只有当我知道如何学习死亡的时候，我才会理解死亡。死亡就是清空头脑中我一直以来所累积的一切知识。

普：在学习死亡中我们可以学习生。在人类意识深处存在着对终结的莫名恐惧。

克：对不存在的莫名恐惧。存在是知道"我是这样，我很开心，我度过了愉快的时光"的状态。以同样的方式，我想知道死亡。我不想学习，我想知道。我想知道死亡意味着什么。

普：因此我免于恐惧。

克：如果我不知道如何驾驶一辆汽车，我会害怕。当我知道的瞬间，这种害怕就结束了。同样，我对死亡的知识来自过去，知识就是过去。因此我说，我必须知道死亡意味着什么然后我才能活着。你看到你在和自己玩的游戏了吗？头脑在和自己玩的游戏？

学习的行为与知道的行为是不同的。你看，知道永远不处于活生生的现在，而学习始终处于鲜活的现在。对死亡的学习——我真的不知道它意味着什么。没有理论、没有推测可以满足我。我要去发现，我要去学习，其中不存在理论、结论、希望和推断，而只有学习的行为；因此，没有对死亡的恐惧。要发现死亡的意义是什么，就得去学习。

　　以同样的方式，我真的想要知道生是什么。因此我必须以一个清新的头脑来生活，不带有知识的负担。当头脑承认它什么都不知道的瞬间，它就可以自由自在地学习了。自由地去学习，我称之为生和死的事情。我不知道它们的含义是什么。因此，总是存在着生与死。当头脑完全从已知——信念、经历、结论、知识、"我遭受痛苦"的话语等等已知中解脱时，死亡就不复存在。

　　根据我们的局限，我们从理智上刻画出美好的生活：要触及上帝，我必须禁欲，我必须帮助穷人，我必须发誓贫穷。死亡说："你无法触及我。"但是我想要触及死亡；我想把它塑造成为我的模式。死亡说："你不能跟我玩弄计谋。"但是头脑习惯了计谋，习惯了凭经验去刻画事物。死亡说："你没法经历我。"死亡是一种最初始的经历，意味着它是一种"我真的不知道"的状态。我能发明关于死亡的准则——比如人死前最后一个想法显现了它本身，但是这些说法都是别人的思想。我真的不知道。因此我被吓坏了。那么我现在能够开始学习生，学习死吗？

　　所以，否定已知——看看会发生什么？其中存在着真正的美、真正的爱，真实在其中发生。

1970 年 12 月 28 日

十一　美与洞察

（一）没有智慧，会有美吗？

普： 美栖身于何处？它在哪里？很显然，美的外在表现可以在空间、形状、颜色和人类之间的正确关系中观察到。但是美的本质是什么呢？在梵文经典中真（*satyam*），善（*śivam*）和美（*sundaram*）三个要素是等同的。

克： 你想要找寻什么？你想要找到美的本质吗？专家们对此怎么说呢？

普： 传统主义者会说——真（*satyam*），善（*śivam*），美（*sundaram*）。今天的艺术家不会区分表面上的美丑，但是会认为创造性的行为是对一个瞬间的表达，对一种在个人内在发生转变的洞察的表达，这觉察在艺术家的行为中得到体现。

克： 你问什么是美，什么是美的表达，个人如何通过美完善自己？什么是美？如果你从仿佛对它一无所知开始的话，那么你的反应会是什么呢？这对希腊人、罗马人和现代人来说是一个共同的问题。那么，什么是美？美存在于日落中，存在于可爱的清晨中，存在于人际关系中，存在于母亲与孩子、妻子与丈夫、男人和女人的关系之中吗？美存在于思想极微妙的运动中和清晰的感知中吗？那就是你所说的美吗？

普：美也可以存在于丑陋和恐怖中吗？

克：在谋杀、屠戮、炸弹袭击、暴力、死伤、折磨、愤怒中，在对一种理想的野蛮、暴力、激进的追求中，在想要变得比某人更加强大的想法中，存在美吗？如果一个人去攻击别人，那么美又在哪里呢？

普：在你说的这一切行为中都没有美。但是，在艺术家对那些可怕的事情进行创造性诠释的行为中，例如毕加索的《格尔尼卡》①，难道没有美存在吗？

克：所以我们要问什么是表达，什么是创造。你问什么是美？它存在于日落，存在于晨曦，存在于水面上的粼粼波光，存在于人际关系中吗？美存在于任何形式的暴力，包括竞争性的成就中？美存在于其自身还是存于艺术家表达自我的方式中？一个受到折磨的孩子可以被艺术家所表现，但那是美吗？

普：美是一种相对的东西。

克：观看的"我"，这个被限制的并要求自我成就的"我"是相对的。

那么，美是高雅的品位吗？抑或美根本与它毫无共同之处，而是存在于艺术家的表达中并因此存在于他的成就中？艺术家说，我必须通过表达实现自我成就。如果没有作为他美感和成就感一部分的表达的话，这位艺术家就会迷失。我们自己试图从他人的表达中，从建筑、美丽的桥梁——例如金门大桥或者是塞纳河上的桥——从玻璃和钢铁建造的摩登大厦，从温柔的喷泉中寻找美。我们在博物馆中、在交响乐中寻找美。

---

① 此画是对法西斯兽行的谴责和抗议，画中表现的是1937年纳粹德国空军疯狂轰炸西班牙小城格尔尼卡的暴行。

寻找美的人身上缺少了什么呢？我们是否可以问，"美"这个词的内涵是什么，其中包含了哪些感受和精妙之处？而正因为这些，美就是真理，真理就是美。

普： 其他人对美的表达是我们可以得到的关于美的唯一参考。

克： 那是什么意思？

普： 当看到一座桥的时候，我心中产生了某种感觉，我称之为美。只有在感知到某些美丽的事物时，美的感觉才在许多人身上产生。

克： 我明白。我要问，美存在于自我表现中吗？

普： 人需要从已经存在的事物开始。

克： 那就是其他人的表达。因为没有敏锐的双眼，没有那奇特的内在美感，我会说：这幅画、那首诗歌、那支交响乐是多么美啊！如果抛开那一切，这个人并不懂得美。因此，他对于美的欣赏依赖于表达，依赖于对象——一座桥或一把漂亮的椅子。美需要表达，特别是自我表达吗？

普： 它能够独立于表达而存在吗？

克： 对美的洞察就是对它的表达，这两者是分不开的。洞察即是表达。在那里根本没有时间间隔。看就是做，就是行动。看和做之间没有鸿沟。

我想观察那看到的头脑，它在那里看就是行动；我想观察具有这种看和做的品质的头脑的本质。这样的头脑是什么？它本质上与表达无关。表达可以产生，但是它并不关心。因为表达——建造桥梁、谱写诗篇需要时间，但是对于看到的头脑，对于觉察并行动的头脑而言，根本不存在时间。这样的头脑是敏感的，这样的头脑是最具智慧的头脑。没有那样的智慧，还存在美吗？

（二）因为追求而变得支离破碎的人不能体现美

普： 在这里心又处于什么位置呢？

克： 你的意思是爱的感觉吗？

普： "爱"是一个沉重的词语。如果你安静，就会有一种奇妙的感觉产生；一种运动在心的这片区域发生。这是什么？它是必需的还是一种阻碍？

克： 这是它最核心的部分。没有它就没有洞察。仅仅智力上的认知不是洞察。智力上的认知行为是零散的片段，而智慧却意味着慈爱、心灵。否则你就不敏感，你就不可能洞察。洞察是行动。没有时间参与的洞察和行动是美。

普： 在洞察行为中眼睛和心是同时在运作吗？

克： 洞察意味着全神贯注——神经、眼睛、头脑、心灵都高度关注。否则，就没有洞察。

普： 感官行为的片段性是因为整个有机体没有同时运作而导致的吗？

克： 大脑、心脏、神经、眼睛、耳朵从来没有全神贯注的时候。因为它们不关注，所以你就无法洞察。

那么什么是美呢？它存在于表达中、存在于片段性的行为中吗？我或许是一名艺术家、一名工程师、一名诗人。诗人、工程师、艺术家、科学家都是支离破碎的人类。一个碎片可以变得非常敏锐、敏感，它的行为可以表达某些令人惊奇的东西，但是它依旧是支离破碎的行为。

普：当有机体洞察了暴力、恐怖和丑陋的时候，情况会怎样呢？

克：让我们以暴力的众多形式为例，但是你为什么要问那个问题呢？

普：有必要去探索它。

克：暴力是美的一部分吗？你是想问这个吗？

普：我不会那么讲。

克：你看到了暴力。敏锐的头脑对暴力的一部分——各种形式的破坏，会有什么反应呢？我们在这里用的"敏锐"一词指的就是洞察的品质。（停顿）

我知道了。暴力到底是一种碎片的行为，还是完全和谐的洞察行为呢？

普：不是后一种。

克：所以你说它是一种破碎的行为，破碎的行为必然会否定美。

普：你把情况颠倒过来了。

克：当有洞察力的头脑看到暴力的时候，它的反应是什么呢？头脑观察、审视并把它当成一种破碎运动，因此它不是一种美的行为。当一个有洞察力的头脑看到暴力行为时，会发生什么呢？它看到了"现状"。

普：对你而言，头脑的本质没有发生像这样的变化吗？

克：它为什么要改变呢？它看到"现状"。再前进一步。

普：观察破碎的暴力并看到"现状"的有洞察力的头脑，会对暴力采取行动吗？就在这看到的行动中，它的本质发生了改变吗？

克：等一下。你是问：当有洞察力的头脑观察暴力的时候，产生了什么影响？

（三）洞察力具有特殊的能量

普：你说它看到了"现状"。那么它改变了"现状"吗？有洞察力的头脑，在观察暴力并看到"现状"的行动本身中，对暴力采取行动并改变了它的本质吗？

克：你是问，有洞察力的头脑在看到"现状"——即暴力的行为时，是否会问自己"我要做什么"？是这样吗？

普：这样的头脑不会这样做，但是这个有洞察力的头脑一定会有某种行动可以改变这种暴力。

克：有洞察力的头脑看到一种暴力的行为。这种行为是破碎式的。在有洞察力的头脑方面，会有什么行为呢？

普：有洞察力的头脑看到某个人身上的暴力。看到就是行动。

克：但是它能做什么呢？

普：如果有洞察力的头脑行动起来，那它必定会改变某个人身上的暴力。

克：让我们弄清楚一些。有洞察力的头脑看到另一个人的暴力行为。对有洞察力的头脑来说，这看到就是行动。那是个事实。洞察就是行动。这个有洞察力的头脑看到暴力中的某个人。这种看到中包含了什么样的行动——是停止暴力吗？

　　普：那些行为都不重要。我的意思是当有洞察力的头脑面对暴力行为时，这种洞察的行动本身将会改变暴力的行为。

　　克：那涉及几件事情。有洞察力的头脑看到暴力的行为，正在施暴的人可能以非暴力的方式回应，因为有洞察力的头脑就在他身边，离他很近，突然间他变得不暴力了。

　　普：有个人来请教你一个问题——忌妒。当一个困惑的人找到你，在他与你会面时会发生什么呢？就在洞察的行动发生时，困惑就不存在了？

　　克：这种情况会发生，显然是因为有某种联结存在。你不辞辛苦地去讨论暴力，因为一起直接分享这个问题而发生了某事——其中发生了某种交流。那很简单。你看到站在远处的一个人举止粗暴。这时有洞察力的头脑会如何行动？

　　普：一定有一种极大的能量来自有洞察力的头脑。一定有某种行动发生。

　　克：它可能行动。你可以做非常接近的推测，但你无法确定会这样。那个粗暴的人可能会在半夜时醒来，根据他的敏感程度，他也许随后意识到这种奇怪的反应。这或许可以归因于有洞察力的头脑和它的影响，或许也不能，但这种紧密的沟通是不同的。这的确会带来改变。

　　让我们回过头来。你在问什么是美。我想我们可以说，本身不是碎片的头脑、没有破碎的头脑就具备这种美。

（四）美存在于未成碎片的头脑中和完全的摒弃自我中

普：这种美与感官认知有什么关系吗？如果你闭上眼睛，捂起耳朵……

克：就算你闭上眼睛，捂起耳朵，但因为不存在破碎，因此头脑仍具备美和敏感的品质。它并不依赖外在的美。把这样的头脑置于最吵闹的都市当中，会发生什么呢？身体上会受到影响，但是不破碎的头脑的品质不会受到影响。它独立于周围的环境之外，因此它本身并不关心表达。

普：那就是它的独自性。

克：因此，美是独自一人。为什么会有自我表达的渴望呢？无论是女人对孩子的渴望、丈夫在温存时对性的渴望，或是艺术家对表现的渴望，那是对美的渴望吗？敏感的头脑是否需要任何形式的表达？它不需要，因为洞察就是表达，是行动。艺术家、画家、建筑师寻求自我表现。它是碎片的，因此它的表达不是美。

局限的、破碎的头脑表达出对美的感受，但是这种表达是局限的。那是美吗？因此，局限的头脑即自我，永远无法看到美，无论它表达什么，必然带有它自身特性的烙印。

普：你依然没有回答这个问题的一个方面。像创造性天赋这样的东西是存在的；这种能力能够以给予快乐的方式造就某些事物。

克：家庭主妇烘烤面包，但不是"为了"什么——不是因为其他的事情才这么做的。在你为了什么的那一刻，你就迷失了。演讲者并不是因为快乐而坐在讲台上演讲。水源永不枯竭，水总是在汩汩流动，无论是否存在污染或对水的崇拜，它都在那里汩汩流动。

关心自我表达的大部分人都有自身的利益。艺术家，无论成名与否，都属于这类人。是自我形成了碎片。在没有了自我中，就有了洞察。洞察是行动，那就是美。

我确信雕刻出像岛石窟^①中的湿婆像（Maheśamūrti）的雕刻家，是从他的冥想中创造出这尊作品的。在你要雕刻一块石头或者创作一首诗歌之前，必须要有冥想的状态。灵感一定不会来自自我。

普：印度雕塑家的传统就是那样的。

克：美是完全的摒弃自我，当自我完全不存在时，"那"就产生了。没有自我摒弃，我们就试图去捕捉"那"，那么创造就变成了一件华而不实的事情。

1970 年 12 月 29 日

---

① 印度中世纪印度教石窟，位于距孟买约 10 公里的海岛上。

马德拉斯
对话录

十二　因果的矛盾

（一）思想看似自由，其实制造不自由

乔[①]：在物理学中我们还有某些尚未解决的问题。如果世界是完全遵循因果的，那么你就不能改变任何事情。如果世界不是完全遵循因果的，那么你就不能为这样的世界找到任何规律。世界或许是遵循因果的，或许不是的。当然，如果你把原因和结果看作一个单一的实体，如果整个世界就是一个整体，没有被分成若干部分，那么当然也就不存在原因和结果。

如果整个宇宙是物质的并且受物质规律的制约，那么你就别无选择。在纯物质的事物中，不存在选择。即使是真我（或不管叫什么）与我们现在所谈的事情不同，但如果它受物质规律的约束，那么它就依然没有特殊的重要性。你不能说因为它不是自然的，所以就不存在因果关系。你也不能因为无法控制它而接受因果关系，那么为什么还要谈论它呢？这是一个矛盾。走出这个矛盾的途径是什么？

克：你是在谈论"业"（*karma*）吗？

乔：不。物质的宇宙是封闭的。这里面不存在运动。

克：这一切都意味着时间，不是吗？任何水平地或垂直地聚在一

---

① 乔治·桑德珊（George Sundarshan），以下简称"乔"。

起的事物，都是时间。因果存在于时间之中。原因转化为结果，结果转化为原因，这些都发生在时间的领域之内。无论我这样或那样地举起手，即无论水平的还是垂直的运动——这个动作都发生在时间的领域内。先生，你是问我们可以跳出时间之外吗？

乔：不。对物质规律的经历处于时间内。在那种规律下，人不会提出问题。那么人有什么选择呢？

克：完全没有。在牢狱中你可以做事，但是它总是在时间的领域中，原因和结果之间的转化也都发生在时间的领域中。记忆、经历、知识都在时间之中，思想是对这一切的反应。如果我没有记忆，我无法思考，我会陷入一种失忆的状态。思想是记忆的反映。思想在时间的领域内，因为它通过经验、知识、记忆汇聚，而记忆是脑细胞的一部分。

所以思想永远无法脱离时间，因为思想从来不自由。思想总是旧的。在两个想法的空隙中，人可以遭遇新事物并依照时间对它进行解读。在两个想法之间有一个间隔，在那样的间隔中也许存在一种不同的洞察。对那种洞察的解读即是时间，但是洞察本身不在时间之中。

乔：我有几个问题要问。

克：慢慢来。生活在时间里，当拼凑出的思想尝试要去探索超越时间的事物的时候，那依旧是思想。生活在时间中，没有什么事情是新的。因此，只要思想和时间在这个领域内，这个领域就是牢笼；我可以把它想象成自由，但它仅仅是一个概念、一个程式。这就好像一个暴力分子装作是非暴力的一样，在这个国家里，非暴力和暴力同时存在的整个意识形态概念是一种伪饰。

因此，就思想运作而言，它必须在时间的领域内运作。根本无法从时间中逃离。我可以假装自己超出时间去想象，但是那依旧在时间之内。思想是陈旧的，无论它是关于真我（ātman）的，还是关于超我（super-ego）的；那些东西都是思想的一部分。

（二）人需要使自己不分裂

乔： 怎样才能走出这个矛盾呢？

克： 智力和思想在那里运作，而我们尝试像物理学家、生物学家、数学家、中产阶级或印度僧人一样去寻找答案。

乔： 但是物理学中存在着规律。

克： 当然存在。不管这是一个怎样疯狂的世界，我们尝试在这其中去找寻答案。这是事实。我需要如实地接受它。那么我的问题是，是否存在一种行动不是这样的？而在这里，一切的行为都是破碎的。你是个有宗教信仰的人，我是个科学家。在这里面任何事情都处于一种支离破碎的状态。

乔： 碎片中也存在规律。

克： 当然，但是这些规律并不能解决人类的问题。除了是一名物理学家之外，你也是一个普通人。要正视问题，即人类生活在碎片中，社会是破碎的。而思想对这种状况负有责任。

乔： 思想也对所有其他事情负有责任。

克： 当然。思想对发明、发现、神灵、神职人员、瑜伽士，对一切负责。因此那就是实际状况。问题是我们要如何在这里生活并且找到某种别的东西。你不能。问题不是如何整合不同的碎片，而是如何能够实现没有碎片的生活。

乔： 在可能达到的程度内，你没有问题。在那一点上就不再是物理学了。在那个程度上，我不再是一名物理学家。

克： 当然。你首先是一个人，一个完整的人。你的行为不是分裂的。

乔： 对不分裂的人而言，物理学是不存在的。

克： 艺术家的重要之处是什么？

乔： 他将人们引入一种人们自己无法到达的状态——这些状态依旧是碎片，却是不同的碎片。

克： 作为碎片，他需要自我表达，而他自己也是碎片的一部分。那么你会因此否认艺术家的功能吗？现在物理学家是很重要，但是他不在宇宙、人心和头脑之上。物理学家如同艺术家一样重要或者不重要。

乔： 本质上是不同的。艺术家总是不清晰的。

克： 艺术家的感觉是清晰的，但是表达出了错，因为它被客观主义、非客观主义以及其他种种所限制。那么，我能够不破碎地生活在这个世界上吗？不是作为印度教徒、佛教徒、基督教徒、共产主义者，而是作为人类的一员？

乔： 为什么不只是活着呢？为什么要用"人类"这个词？

克： 我们生活的方式根本不是人的生活方式。它是一场斗争——与国家、妻子、孩子、老板之间的斗争——我们那样生活，在与其他人的战争中生活。你管这叫生活。我说那种永恒的争斗不是生活。

乔： 生活不总是一场永恒的争斗。

克：但大部分时间是。窗户关上了。

乔：但是为什么要用"人类"这个词？

克：先生，我没有使用"个人"这个词。你知道"个人"这个词的含义吗？它是指"不可分裂的人"。而人类却不是。因此人们意识到了支离破碎的事实、时间的事实——那就是为得到地位、权力、威望、成功和支配权而不断进行的争斗以及为了逃离这一切而通过念咒和瑜伽去实现觉悟所付出的努力。这种永无止境的喋喋不休如何能够终结呢？究竟有没有可能不支离破碎？脑细胞本身怎样才能安静下来？因为那是多年来慢慢形成的时间机制，即我们所说的进化。这是个核心问题。

乔：没错。你把这个问题又归到了物理学，因为物理学探究外在世界而并不探究脑细胞。如果你只拥有真相的一个片段，那么你不会认为它是连贯的。如果它是连贯的，则它是虚构的。这个片段会是自我连贯的吗？

克：我会这样讲：一个人有没有可能在做物理学家的同时，能不分裂自己地做到自我连贯呢？在这里，我看到时间是核心因素。思想是记忆的反应，思想是时间。

乔：对于经历者来说。

克：经历者是被经历者，观察者也是被观察者。但是观察者通过结论、形象、程式等把他自己分裂，从而制造出空间和时间，这是支离破碎的主要表现之一。

人能不能不以观察者的身份进行观察呢？正是观察者制造了时间、空间和距离。先生，作为一名物理学家，你究竟是如何发现任何事物的呢?

乔: 我比较特别,我创造。

克: 一定有一段时间,在这段时间里,创造者是安静的。

乔: 是的。

(三)没有"观察者",才有真观察

克: 如果他一直在持续地运动,那么就会存在连续性。但必然存在中断的时候,在这个空隙里,他会看到一些新的东西。观察者通过形象去观察,而形象在时间里绵延不绝。因此他不能看到任何新的东西。如果我用积年累月的形象来看待我的妻子,我会将那叫作"关系",那里面没有任何新的事物。

那么,人可能不从观察者的角度去看新的事物吗?而观察者就意味着时间。我能够不从时间或观察者的角度来看支离破碎的"现状"吗?是否存在一种没有观察者的观察呢?

乔: 没有观察者就没有观察,但是被观察者似乎在等待被观察。

克: 没有观察者,树也总是在那里,观察者通过碎片化的方法,通过审视者来观看它。审视者能否并不在场但依然存在观察呢?

乔: 当然不会。观察是个单一的行为。没有拆散它的可能。

克: 谁是审视者?谁是观察者?谁在使用"观察"这个动词?

乔: 当你观察的时候,你不会谈到观察者。

克: 我带着知识去观看那棵树。而观察者能否不带着过去的东西进行观察呢？谁是思考者，谁是审视者？

乔：当你观察时，你不需要这一切。

克：树在那里。我能够不从观察者的立场去看它吗？

乔：可以。

克：只有观察。然后观察者才开始运作。所以，形象制造者是可以不带着形象去看的。否则你就不能创造。

（四）不分裂的人，不受时间囚禁

乔：我们在探讨沟通。如果时间本身是思考的产物，那么思想如何能被时间囚禁呢？那么，是什么使得时间对所有人如此普遍起作用呢？

莫：不同的人对时间有着同样的观念。

克：我想知道他们是不是这样。为什么你想要一个时间的概念？你看着表，而你对它却没有任何概念。

乔："时间是一种运动"这一观念与手表有关。

克：在日出和日落之间，存在用数字表示的时间，但是存在心理的、内在的其他时间吗？

乔：当你思考将来的行动时，存在另一种时间。

克：因此，时间是过去经由现在到达未来的运动。

乔：时间是思想的一部分。

克：时间是思想。时间是悲伤。

乔：思想如何超越自身？说"思想不能超越自身"的意义是什么？

克：但是它总是在尝试。让我这样说吧：时间的有效性是什么？我不得不从这里到那里，从这栋房子到另外的房子，从一个大洲到另一个大洲；我想成为这个工厂的管理者——这一切都涉及时间，时间被有序或无序地放置在一起。

乔：这存在很大的局限性。时间是单一的，然而经验却不是。时间是一维的，如一条穿着珠子的线。联系在一起的许多经历给你一种时间的印象，但是时间本身是一维的，是单独的一条线。你可以想象时间的不同片段和刻度。它们是一串时间。事物间的连通性是复杂的。我们没有经历过它的多重连通性。当然，我们可以同时经历几件事情，例如，我在听你说话，我的一部分头脑可能在想着其他的事情，当我的理解力在进行工作时，我可能晃动着脚趾。我看到了一切，我看到一系列的画面，但是我却没有活在其中。

克：那意味着自我是缺席的。

乔：完全没有自我。

克：也就是说，没有中心。

乔：没有包含时间的中心。

克：那意味着在人自身中，根本不存在分裂，在某人的存在的最核心部分，不存在分裂。

乔：那样的话，人会看到存在一种没有分裂的状态。

克：人能否找到一种不存在分裂的状态，即思想的终止？思想孕育着分裂，思想即是时间。

看，先生，当你走遍这个世界时，世界上存在着各种分裂的行为——社会的、政治的、公开的、嬉皮士的行为——这些行为全都是片段。是否存在一种行为，不是分裂的并且可以包含上面所说的全部事情？

乔：你使用"行为"这个词，而行为与时间有关。

克：我的意思是指活生生的现在。

乔：是的，它是。

克：那意味着存在一种头脑的品质，在那里根本不存在分裂。它总是存在于活生生的现在。

这一切与爱有什么关系呢？爱已经被降低为性和有关性的所有道德观念。如果没有爱，分裂会继续。你会是个物理学家，我会是别的某个人，然后我们将沟通、讨论，但是它们仅仅是语言。

（五）分享者高于沟通者

乔：你如何沟通？在你交谈过之后，会存在一些沟通。我要如何理解呢？我理解它又会怎么样呢？

克："沟通"一词是什么意思？你和我有一些共同的东西。共同意味着分享。

乔：怎样才有可能分享呢？

克：等一等，我们是用时间去沟通。而"共同"则意味着我们两个人想要一起理解、探索、分享某事。我不是在给予，你也不是在接受。我们是在分享。因此形成了一种分享的关系。你没有坐在讲台上，而我也不是站在台下。当你在人群中分享像"悲伤"这样的问题时，将会发生什么呢？那将是惊人的。

乔： 在你分享悲伤的时候，你看不到人。我能够带着深厚的个人感情理解它，但却不可能带着观念去理解它。

克： 分享观念是为什么呢？

乔： 我们分享觉察力。

克： 那就是理解。但是观念不是理解。相反的，关于理解的程式阻碍了理解。先生，当你们一起分享，会发生什么呢？我们具备相同的热情、相同的时间、同样的水平。那就是爱。否则没有分享。毕竟，先生，为了共同理解某件事情，我必须忘记我所有的经验与偏见，你也一样。否则我们无法分享。你曾经和共产主义者或天主教徒讨论过问题吗？

乔： 我尝试去理解他。

克： 但是他不会理解你。道理很简单。就拿德日进 [①] 来讲，他可能四处旅行，游历广泛，但是他却是个顽固的天主教徒。你无法与一个顽固的人分享。分享意味着爱。一个顽固地坚持某种态度的人可以去爱吗？

乔： 他可能有神秘的经历。

克： 因为他被局限了，所以他看到克利须那 [②]，看到基督，他看到他想要看到的东西。问题在于头脑能否释放自己？不是通过时间，因为当头脑用时间去消除时间，它就依旧处于时间当中。真正的领悟是超越时间束缚的。爱和分享太少了，其他的东西倒是很多。（停顿）

---

① 德日进（1881—1955），著名的法国地质学家和古生物学家，也是一名虔诚的天主教神父和进化论的积极拥护者。

② 印度教的神祇。

先生，那么我们要问：冥想是什么？思想可不可以摆脱它所有的内容，因为意识是由内容组成的？

莫： 大多数时候，当你谈到理解时，你想的是一个人。要想沟通交流，就必须有两个头脑。同时，有些思想只有当两个人一起沟通时才会产生。

乔： 莫里斯说有些情况下两个人可以一同产生某个观点，而一个人无法独立产生那个观点。

克： 当两个人在一起，会发生什么呢？你口头上表达着某事，我倾听、诠释并且给予回答；那是言语的沟通。在那个过程中，某些其他的因素参与进来。你并不十分清楚你在说些什么，而我听到了，部分地理解并部分地回答了。因此沟通还是破碎的。如果你非常清楚地诉说某事，我不做出任何反应地倾听，那就是直接交流。

我可以这样来说吗？因为我不知道什么是爱，所以我想要你爱我。如果我知道什么是爱，那样的话，我就可以与你交流。我什么都不想索取。

但是你进一步问究竟是否存在交流的必要性。必要性的意思是，我通过交流揭示出更多的事情，发现了新事物。就像一个人拉小提琴，他可以为了自己来使用这个乐器，或者不为任何原因而只是弹奏乐器。

乔： 既非为了善也非为了恶。

克： 是的，就像一朵花——摘下它或者离开它。因为通过交流我们会一起发现一些东西，不交流的话，我能够不通过言语叙述发现一些事情吗？当你和我有共同的兴趣，处于同样强烈的程度和时间，那么交流是可能"不通过语言"的。我不需要告诉你"我爱你"。

我认为我们过多地陷入文字、语言学、语义的探究中了。文字不等于事物。描述不等于被描述的事物。

乔：因为这种高层次的交流不是一种技术或者技巧，问题就产生了，人要如何学习？孩子有学习的能力。

克：学习是一种积累的过程吗？那就是我们所做的事情。我学习意大利语，先积累词语，然后才可以讲。这就是我们所说的学习。有不积累的学习吗？这两种学习是完全不同的行为。

乔：我可以提问吗？这个问题可能完全不相关，但是你会明白的。存在"另一个"吗？存在"其他人"吗？

克：这完全取决于你所说的"另一个"的含义，取决于你指的"其他人"的含义。

乔：大多数的时候会存在多元性——但是也有单独性。

克：当然。

乔：因为单独性是真实的……

克：为什么你要说单独性是真实的而另一个是不真实的？我们知道孤独、反抗、行为的二元性运动——防卫或进攻。人们被思想困住，而这带来更大的孤立感——我们和他们，我方和你方。那么头脑可以超越孤立和抵抗吗？这意味着它可以完全独立，却不被孤立吗？只有在那时，我才能发现一些新的东西，一些真实的东西。

乔：我经历过那种状态，但是当你问我"为什么要划分"的时候，我不知道如何回答。存在两种情况，一种是我看不到多元性，一种是我看得到多元性。我有一种感觉，我看到多元性的状态正在减少。

克：当心，先生。你陷进去了。减少——你是什么意思，那是时间。任何你可以慢慢减少的东西都是时间，而与之相反则根本不涉及时间。所以不要被困住，先生。（停顿）

是否存在没有时间的洞察和行动？我看到身体上的危险，并立即采取行动。我不会说我将慢慢地从危险中撤离。是否存在一种洞察，一种对危险本身的彻底看清？这看到本身就除去了危险。

乔：如果你完全看清整个事物，就不会存在减弱。它不在了。

莫：那意味着不需要为它做准备。

乔：这种说法与我的经历不符。我经历了时间消失的时刻。我爱它。我拥有对它的记忆。

克：不要去管它，先生。

乔：当我握住它的时候，就变成了快乐。

克：就是那样的。快乐是我们的一条主导原则。

1971 年 1 月 3 日

十三　传统与知识

（一）传统方法和知识信息造成头脑的不自由

阿[①]：在 1923 年和 1924 年，我属于"通神学会"[②]的自我准备团体。在这个团体中，进行着一种为理解辨别力（*viveka*）、超脱（*vairagya*）和爱所做的准备，这种准备遵循着传统的方法。当你说：让我们与所有的组织和戒律决裂，改变就发生了。

在《在大师脚下》（*At the Feet of the Master*）一书中，"娑摩"被诠释成"对头脑的控制"，"达摩"则是"对身体的控制"。在传统中，"娑摩"似乎被忽略了。人们对"娑摩"的关注少于对"达摩"即控制身体的关注。而"寂静"（*śānti*）这个代表内心平静的词语，则源于动词"娑摩"的过去分词。因此，如果不理解"娑摩"的含义，也就不理解"寂静"的含义。

---

① 阿克尤特·帕特瓦尔丹（Achyut Patwardhan），以下简称"阿"。

② 通神学会于 1882 年由俄国的通灵者勃拉瓦茨基夫人、美国军官奥尔科特创立，探究卡巴拉犹太秘教、印度教、佛教、西藏密宗、神秘主义，迅速发展成世界性的组织。1909 年，通神学会在印度发现十四岁的克里希那穆提，将他带回英国抚养，以训练成未来的救世主。而在 1929 年 8 月，克里希那穆提宣布解散通神学会为他组织起来的"世界明星社"，表达"真理无路可循""没有任何宗教组织能引领人们到达真理，它们反而会造成人的依赖、软弱、束缚"。"身为社长的我，现在决定解散世界明星社，你们有权成立另外的组织，成立另外的牢笼，或是为牢笼点缀一些装饰品，那都不是我关心的事了。我唯一关心的只有如何彻底使人们解脱。"1930 年，克里希那穆提毅然退出通神学会，之后，通神学会日渐没落。

克：你认为"修炼"①（*sādhanā*）一词是什么意思？

贾②：实践"修炼"就是获得自律性。

阿：你忽略了"娑摩"，它是头脑的冲动平息下来的过程。

克：你所说的"过程"是什么含义？过程是指一个运动——从这里到那里，过程涉及时间。

阿：观察头脑运作方式的过程涉及时间。

克：过程和训练都涉及时间，人为了到达某地，时间也是必需的。那一切都需要时间，也需要空间。从这里到那里意味着空间，那空间由时间来跨越。

贾：拉马那尊者③说它是无路可循的，是摆脱"过程"和时间。

阿：即使我们意识到抑制欲望的开始和终结是不对的，这种意识依然是一个过程，这个过程也是在时间中的。

克：当我们说我们生活在时间中，那是什么意思呢？"生活在时间中"是什么意思？

阿：头脑连接昨天、今天和明天。

克：我的头脑也生活在物理时间中——我在这样的一个时间来到这里。还有其他形式的时间吗？

阿：还有头脑制造出来的心理时间。

---

① 印度教与佛教密宗用语，指人召请本尊，与其融为一体，并将其并入自身之法。

② 贾纳丹·帕特瓦尔丹（Janardan Patwardhan），以下简称"贾"。

③ 拉马那·马哈希（1879—1950）的尊称，他被视为印度近代伟大的智者，也是印度公认的不二论之大成者。

克：你说的"头脑制造出来的时间"是什么意思？

阿：头脑有一种延长快乐的方法。我在物理时间中的运动被我的头脑所影响。

克：这个头脑是什么？

阿：记忆。

克：什么是记忆？你昨天在班加罗尔[①]，而今天在马德拉斯。你记得班加罗尔。对过去的经历的想起是记忆。经验留下一处标记，痛苦的或者快乐的标记——那无关紧要。为什么经验要留下一处标记呢？它又在什么物质上留下标记呢？

阿：在审视者身上。

克："审视者"是什么意思？昨天的经历留下了标记。它在哪里留下标记呢？

贾：在作为意识的头脑上。

克：哪种意识？意识的内容是意识。没有内容，就没有意识。两者无法分开。要找到记忆在什么上留下了标记。

阿：头脑或大脑中保留残余的部分。

克：标记被留在脑细胞上。看看发生了什么——未完结的经历在保存记忆的脑细胞上留下了标记。记忆是物质——脑细胞是物质。因此，每种不完全的经历都留下了标记，变成知识。累积知识的头脑接受信息，信息是知识。它的重量使得头脑迟钝。

---

① 印度南部城市，卡纳塔克邦的首府。

阿：人要如何应对挑战呢？

克：什么是应对挑战？如果你根据过去的信息做出应对，你就不知道如何解决新的问题。经历在脑细胞上留下作为记忆的遗留物，脑细胞就变成了知识的储藏室。知识就是过去，因此通过时间造就的大脑——时间即是过去——根据过去的残留物来行动、反应和运作。因此，被知识充满的头脑是不自由的。

贾：因为它的反应都源自已知。

阿：从某种层面上讲，知识是很重要的。

克：当然，我们一半的生命都是知识。我们看到经历千年造就的头脑，它依靠现在和过去的经验存活：种族的过去、家庭的过去、个人的过去，全部都存在那里。我们称它为进步。我们知道技术进步——从牛车到喷气式飞机。头脑说只有通过记忆它才可以运作；思想说它想要挣脱记忆的牢笼；因此思想进入未来——即觉悟。因此，觉悟也同样是思想运动。看看我们这是在做什么吧。

阿：运用与牛车和飞机同样的原理——头脑通过已获得的知识，通过训练，通过对欲望的控制能达到自由。

克：我认为我们还不清楚这个问题。我们累积知识、经验与记忆，然后通过知识我们尝试找寻出路。

阿：是的。

克：传统的方法是通过知识获得自由。知识可以带来自由吗？如果它可以，那么训练、控制、升华、压抑就全都是必需的，因为那就是我们所知道的全部。那就是传统，"传统"意味着"继续"。

阿： 我清楚地看到那并不可能。那么我们为什么不停止呢？

克： 我清楚地看到，经过数个世纪积累下来的知识，是一个牢笼。我清楚地看到这是一个事实，而不是假设或理论。但是头脑无法摆脱它。

阿： 我的理解是字面上的；它是以语言为基础的。

克： 它是以语言为基础吗？你打我，我感受到身体上的疼痛。对痛苦的记忆是语言形式的，但是痛苦不是语言上的。为什么头脑要把痛苦诠释成语言呢？看看吧，先生。

阿： 为了沟通。

克： 看一看。你打我，我痛。那是个身体上的事实。然后我记住了。这种记忆存在于语言的形式之中。为什么事实要被诠释成语言？

贾： 为了使事实延续下去。

克： 是为了让疼痛延续下去吗？还是让遭受疼痛的人延续下去？

阿： 他不得不收获结果。

贾： 它给遭受疼痛的人延续性。

克： 看。你打我，存在身体上的疼痛。那就是全部了。为什么我不结束它呢？为什么大脑把痛苦转译成了语言，说"他打了我"？为什么？因为它想要还击。如果不想那样做的话，它会说："他打了我——句号。"但是大脑不仅记住了身体的疼痛，也记住了造成这个疼痛的人，这变成了心理上的标记。

拉[①]**：** 谁记住了？

[①] 拉达·布尼尔（Radha Burnier），以下简称"拉"。

克：脑细胞。

阿："我"在运作。

贾：被记录在脑细胞中的是打我的人的样子。

克：为什么我要记住这个人？

贾：即使我原谅他，情况也是一样的。

克：事实是这样的：你打我的瞬间，我把这个事实诠释成语言。"我"说："他打了我。他为什么要这么做？我做了什么？"这些都是语言的浪潮。

获取觉悟的传统方式也是通过知识；你必须通过拥有知识去获取自由。我问是否真是这样。被打的经历是知识。那么，对于疼痛、痛苦和伤害的问题，传统的应对方式是什么？为什么传统坚持知识是获得觉悟的必要方式？

阿：这过于简单化了。把痛苦语言化只是知识的一部分，还有一个更大领域的知识是种族的。语言是知识的核心。

克：是吗？

贾：不是这样的。

克：因此我们要看清什么是知识，知道意味着什么。知道是存在于活生生的现在，还是存在于过去呢？

阿：知识以过去为前提——以那些已知的事情。

克：传统说知识对自由和觉悟很重要。为什么要坚持这一点呢？因为一定存在质疑这一点的人。为什么上师们、《薄伽梵歌》不质疑知识呢？他们为什么看不到知识意味着过去，而过去无法带来觉悟呢？为什么传统主义者看不到训练修炼（*sādhanā*）来自知识？

贾：是因为传统主义者觉得记忆必须保留下去吗？

克：当专家们在无休止地谈论消除自我时，为什么他们看不到知识就是自我呢？

阿：只要沟通是通过语言进行的，你就不能去除自我。

克：你的意思是据专家们讲，你永远不能脱离语言去观看任何事物？

阿：语言是无法抑制的，非意志力的。

克：你打我。存在疼痛。我看到了这些。为什么那要变成记忆？你没有回答我的问题。为什么专家们看不到简单的事实，即累积的知识永远无法通向自由？

阿：他们中的一些看到了。

克：他们为什么不行动呢？你们是专家，那意味着你没有抛弃传统。你为什么不能抛弃它？我个人看到了一个非常简单的事实：你打我，存在疼痛。就这些。

阿：那快乐呢？

克：也是一样的。

阿：抛弃快乐要付出努力。

克：然后你进入了同样的闹剧中——命名强化了"你打我"这个认识。你打我，那是个事实。我的儿子死了，那也是个事实。你变得愤世嫉俗，变得痛苦，说"我爱他，他去世了"——那一切都是言语。

阿：只要头脑继续喋喋不休……

克：让它去喋喋不休吧。看，事实是一回事，而对事实的描述是另一回事。我们陷于描述和解释中；我们不关心事实。为什么会发生这样的事情？

如果房间失火，我行动起来，因为我必须这么做。而如果你打我，会发生什么行动呢？只有彻底的不行动，也就是没有语言化。

阿：当我的兄弟去世时，这事在我身上发生过。

克：然后发生了什么？为什么我们陷于知识并把它变得如此重要？说理辩论的能力为什么变得如此重要？计算机正在取代那种功能。专家们为什么落入这个陷阱中？

那么，通过时间即知识造就的脑细胞能否在必要时通过知识运作，而又完全不受知识束缚呢？

阿：当我快乐的时候，我说"太棒了！"我没有抛弃快乐。

克：我遇到一件带给我快乐的事情。然后思想过来说：我要重复这种快乐。因此它便开始了——事件、记忆，作为思想的记忆的反馈，思想构造图像，需要图像。这一切都是传统的一部分，把昨天持续到明天。

阿：那也有喜悦。

克：你把喜悦降低为快乐的时候，它就消失了。

（二）必须消解思想造就的一切结构及由此而来的伤害

阿：相比快乐和痛苦，知识是不是有更多的意义？

克：我们无法回答，除非我们理解快乐、痛苦和知识。专家们自己一直盲目，又让上百万的人同样盲目。这多么可怕啊！这个国家、基督教的世界——他们全部都是一样的。

下一个问题产生了，脑细胞能否在一个层面上以完全的客观性和理智的知识去运作，而不要把快乐——通过声望、地位和那一切带来的快乐——的原则引入其中。脑细胞能够认识到自由并不存在于知识之中吗？认识到这一点即是自由。这是如何发生的呢？

贾：一种观点是——当思想渴望死去时，它反而会延续下去。

克：专家们对此问题的回答是什么？为什么思想纠缠不放？

贾：我停留于三昧 ① （*samādhi*）并返回。

克：那么说没有意义。脑细胞把自己看作是知识的储藏室吗？脑细胞本身有没有看到——而不是作为一种阶梯式的认识——当快乐的原则运作时，伤害就开始了？恐惧、暴力、攻击等一切都随之而来。

阿：当知识的领域被痛苦和快乐扭曲，伤害就开始了。

克：为什么传统主义者、专家、经典作家、精神领袖们没有看到这一点呢？是因为权威——《薄伽梵歌》的权威、经典的权威对他们而言极其重要吗？因为人是这一切的结果。因此你听见有人说：我读过《薄伽梵歌》，我是权威。是什么的权威呢？是其他人说过的话的权威？是他人知识的权威？

阿：我们能够了解不同的传统而不陷入其中。对传统的了解的确带给你某种清晰。我们知道专家们的处理方式、你的处理方式。你认为

---

① 佛教修行方法之一，意思是止息杂念，使心神宁静。

知识完全是过去的。

克：当然了。如果我被拴在一根柱子上，我就不能移动。

阿：那么为什么专家们看不到这一点呢？

克：因为他们追逐权力。

阿：你不明白。你说他们想要权力，但事实并不是那样。

克：看看每个人身上都发生了什么吧。我们在某一刻清楚地看到了一些事情，这洞察被转译成了作为知识的经验。它存在于那里，我看到了它。结束了。我不需要携带着它。下一分钟我又在观察。

贾：为什么存在观察者？

克：看，为什么大脑要坚持知识的连续性呢？为什么大脑要继续知识的多样性呢？为什么它要继续添加："我昨天做过这件事情"，"她非常的友善"。为什么会发生这样的事呢？

看吧，先生，如果没有彻底的安全，大脑就不能以一种健康理性的方式运转。安全意味着秩序。没有秩序大脑就不能运作，它会变得神经质。像个孩子一样，大脑需要彻底的安全。当孩子感觉到如同在家中一般安全的话，他就不会害怕，然后他会成长为一名出色的人。因此大脑需要安全，而它在知识中找到了安全。只有在充当未来向导的经验即知识里它才能安全。需要安全的头脑，在知识、信仰和家庭中获得了它所需的东西。

阿：传统主义者通过知识提供安全感。

克：头脑需要安全。如果专家说自己真的不知道，他就不会是一名专家。

阿：然而在某种层面上安全是必要的。

克：人必须否定《薄伽梵歌》《圣经》、上师，否定一切。人必须否定思想造就的一切结构，将它们全部擦除，并且说"我不知道，我什么都不知道"。人要说："对于我不知道的事情我什么都不会说，我不会重复其他人说过的任何话。"然后你便开始了。

1971 年 1 月 4 日

十四　冲突与意识

（一）意识是人的碎片化表现

阿： 你说记忆是脑细胞的机能。作为智力之源的脑细胞，对实现它们自身的安静，有没有任何有效的作用呢？

克： 我们昨天探讨了知识为什么被看作是一种重要的觉悟方式。显然，每一位宗教导师都坚持知识很重要，不论在东方还是西方。传统在这个国家是如此强大，实在有必要弄清整个体系化的思想在达到觉悟的过程中起到什么作用。环境的局限在觉悟中起到什么作用？文化及文化的制约是如何形成的？你必须纵观整个领域，像龙树或商羯罗那样以传统的视角来看问题，并从那里着手。

阿： 传统主义者认为，一切行为、一切活动都从原因产生，这些原因是已知的。

克： 你的说法——从固定的原因到结果，是不正确的。没有这样的事。

阿： 它是由这段经典开始的："所有这些显现出的行为，都是佛给了你这一切显现的来源。如果你知道原因，你就能够消除这个原因。"这是佛陀的说法。通过理解原因，你去除它，并且他已经把这个原因告诉你了。显现的一切思想或行为，都在因果的领域中。

克：我质疑这点。我们看到因会变成果，果又会变成因。橡子将会长成一棵橡树。在这个因果原则上，我们认为是业在起作用。如果存在固定的原因，那么每一件事情都是固定的。那么就不可能存在解释或质询。究竟是存在一个固定点，还是存在思想和大脑无法追随的连续的生命运动？因此，头脑会说存在因果，并且头脑会被那种模式所束缚。

阿：是否存在因果这样的事情呢？如果存在因果链，那么在任何一点上你都能够把握住它。在原因点，在结果变成原因的点上把握住整个链条，那就是关键。

克：谁来把握它呢？你昨天侮辱了我，那就是原因。这个侮辱也许是早先我对你侮辱的一个结果，再次反应时，总是有一系列的行为、调整在进行。你侮辱了我；在那时，如果头脑完全觉察，就根本不存在因果。你侮辱了我。对那个侮辱的反应来自旧的大脑，旧的大脑分裂自身，以一种模式运作。在侮辱发生的时候，因为旧的大脑没有反应，所以就必然会有完全的关注。在关注的时候不存在因果。

阿：如果不存在关注，反应就会成为另外一根链条上的原因。因此，在结果开始把自己转变成一个新的原因时，另一个不同的行为就会产生。

克：我不认为是这样。我侮辱了你是因为我无意中忽略了你。你受到了伤害并且想要伤害我。事情的起因或许是我被鸟儿，被鸟儿翅膀的运动所吸引，而一时间没有跟你打招呼。我是一名艺术家，我想要观察一只鸟的整个运动过程。因此我没能问候你。哪里是原因？哪里又是结果呢？

贾：原因存在于人自身。

克：对运动的观察并不在人自身中。

贾：羞辱产生于我的内心，而不是你的内心。

克：我无意中制造了一个羞辱你的原因。

贾：令我感到受辱的原因是在我心中。因果都在我心中。

克：你是说，虽然我没有问候你，那种侮辱的事实产生于你自己，而不是被人施加于你身上。我完全不确定是不是这样。

阿：如果我对你有爱，看到你观察飞鸟，我可以理解，但是如果我没有爱，那么我会责备你。因此，原因总是在自身内的。

克：我明白你的意思了。

阿：它不总是一对一的关系。与其说这个原因产生于这个人内心，倒不如说普遍的规律是如下的：这一切都产生于一个无知的母体——无明（*avidya*）。你现在来到了"我"这个核心。在无明中存在业力（*samskaras*），即人们做过的所有事情。意识从那而生，命名又源自意识。这些又导致了身体和六感的产生：然后你能看到。但是人无法把"我看到"作为起点，并仅仅从那里出发。原因得到了广泛而普遍的使用。

贾：商羯罗说你不能讲无知是怎样开始的。他也否定因果。原因和结果可能终结。在你进一步前进之前，你必须清空一切智力。

克：这是禅的一部分吗？

阿：不，先生，它不是。智慧的觉醒不是自成一体的。

贾：你不能绕过智力。我们不知道这个过程如何开始，但是我们能够结束它。

克：从单细胞产生到人类出现，智力在继续。

阿：生物学家没有超越现象。去做这种假定是错误的。

克：存在着无知，也存在洞察、感知。

阿：业力是指"被聚集"在一起的事物。

克：在时间里的聚集意味着进化。

阿：然后你就到达了下一点——意识。

克：意识与业力不同么？被聚集在一起的事物是意识。

阿：不，先生，它是母体。在母体里有你的意识和我的意识。

克：让我们来弄弄清楚。

阿：母体是我们大家所共有的。

克：你说业力意味着聚集。

阿：从字面上讲，它意味着"趋势"。

克：我问的是：什么是意识？意识是由内容组成的。没有内容的话，还存在意识吗？意识的内容是意识。内容已经积累了数个世纪。

阿：内容是意识的全部吗？或者它是意识的一部分？

克：我看到我所有的局限都为意识添砖加瓦。

阿：人类已经存在了许多年。在人的意识形成之前，母体已经存在了。

克：思想在单细胞时就产生了。人类生存已超过了三万五千年，在这段时间里人类积累了各种经验。那一切都是意识。

阿：意识产生于此。

克：我没有分开这两者。如果没有内容，就不存在意识。在意识中存在很多部分；意识不是一个固定的内容。它有不同的层面、活动、态度、特征——那一切全都是意识。整体意识的一部分，一个碎片假装很重要。然后它说："我是意识"，"我不是意识"，"我是这个"，"我不是这个"。

阿：你已经对意识进行了区分，即存在不同层面的意识和自称"我是不同的"那个点。在那一点上它变得不同。

拉："我"和"非我"的划分就在那里。

阿：然后就有了母体和自我的区别。

克：看，意识的内容是意识。没有内容就没有意识。内容是由各种划分组成的——我的家庭、你的家庭和所有的那些；意识的内容是由碎片组成的。而其中的一个碎片假定比其他的碎片重要。

拉：经典的说法是：投射出的图像以为自己即是原型。

阿：当存在聚焦的时候，个体化就开始了。

克：小心。这个非常重要。"个体"一词意味着"本身不可分割、不分裂的人"。因此一个碎片假装自己是权威，有可以评价别人的权力，它变成了审视者——这一切都在我们称之为意识的领域内。

（二）碎片化的自我酿成冲突

阿：在没有认同的意识中，发生了什么？

克：我对认同一无所知。

阿：认同的含义在于我开始将部分认同为我自己。那是分离点。

克：不要断言任何事物。意识的内容就是意识。当没有内容的时候，就没有意识。在内容中存在大量的冲突和碎片。一个碎片假定为权威；一个碎片感到不安全，它不将任何碎片与自己相认同；而另一个碎片，当它说"我喜欢这个，我不喜欢这个"的时候，它凭借好恶认同自己。这里面就存在着如此巨大的冲突。

拉：那个"我"是什么？

阿：那是我自己的过去。

贾："我"是碎片。

阿：佛陀说"我"是全部印象的总和，印象的复合体为自身制造了一个身份，但那身份却没有真实性。

拉：意识是存在的，并且它有着巨大的多样性。

克：存在着许多的碎片。一个碎片是如何变得重要，又是如何将这种重要性继续下去的呢？（停顿）我看到一些事情。在支离破碎的整个领域，即意识中，"我"是什么时候形成呢？

阿："我"不就隐含在意识本身的领域中吗？从意识中产生的"我"潜伏在意识之中。

克：到处都是这些碎片。为什么头脑不能摆脱它们呢？我看到我的意识由不同的碎片组成。为什么我的意识不能摆脱它们呢？发生了什么事情？

阿：认同。

克：存在着碎片、矛盾，也就存在冲突。在那种冲突中，也包含着结束冲突的欲望。

阿：如果我没有被认同，那么不管哪里存在冲突都不会影响我。在那一点上，它没有变成冲突。

克：在意识中只存在冲突、对立和矛盾。哪里存在对立和矛盾，哪里就有冲突。在有碎片的地方，每一个碎片都将会产生冲突、疼痛、快乐、悲伤、痛苦、绝望。那就是这个领域。然后会发生什么呢？

阿：我想要结束。

克：意识的这整个结构就是一个战场。

阿：你为什么要这样说呢？意识中充满了不可调和之物。在使用"冲突"这个词的时候我就已经认同了自己。

克：分裂的意识领域就是冲突之源——比如印度和巴基斯坦，我是个印度教徒而你是位穆斯林。事实是，分别不可避免地引起冲突。

阿：这种状态一直延续到你来到命名这一步；命名改变了实质。

克：看看冲突的领域——存在着分别。哪里存在分别，哪里就不可避免地存在冲突——我的家庭，你的家庭，我的神，你的神。

阿：每个被分开的片段都能觉察到吗？

克：我看到了这个事实，哪里存在划分哪里就一定有冲突。在这个意识中哪里存在如此多的片段，哪里就一定有冲突。在这个现象世界里，他是个印度教徒，我是个穆斯林，这引起了战争和憎恨。这是一个简单、直接的现象。我们都在谈论合一但继续着我们的划分。

看看发生了什么，先生。在这个领域中存在冲突、矛盾、片段和划分，当冲突变得激烈，就产生了"我"和"你"。否则我不会去理会。我在这个冲突里随波逐流，但是当冲突变得激烈的时候，就引发了战争——印度教和穆斯林的战争，我是一个印度教徒，你是一名穆斯林。由此，我与我认为更伟大的东西——神、国家和思想的认同就产生了。

只要冲突是温和的，我便不干涉它。观察周围的世界，每个人都像在梦游一样，然后，巴基斯坦发生袭击；你得到认同。我的意思是只要没有冲突，就没有"我"。因此，我们说冲突是"我"的量度。昨天没有冲突，今天有冲突，我希望明天不会有冲突。这个运动是"我"。这是"我"的核心。

阿： 还有许多其他的方面。

克： 尽管树可能有一千根树枝，但树与树枝不同吗？意识的结构是以这种冲突为基础的。我们不是在讨论如何结束冲突。

拉： 传统的观点是：分别是"我"，从冲突分离也是"我"。

阿： 只要冲突隐藏着，没有被观察到，"我"就不存在。

拉： 这一切都是从这里开始的吗，还是"我"的出现还要更深一步？

克： 这个"我"，这个被探究的自我存在吗，或者说这个"我"是一种运动？

阿： 你说这个"我"作为一种运动，在意识中开始。

克： 不。有一种假定说"我"是静止的。是这样吗？"我"是某种要被了解的事物呢，还是说"我"是一个运动，我了解某种事物呢，或曰我在运动中进行了解？前者是不存在的，它是谬误的，是虚构出来的。所以核心问题是划分。它是所有冲突之源。那种冲突可能具有不同的形状，存在于不同层面，但都是一样的。冲突可能是快乐的，我可能喜欢被我的妻子欺负、打骂，但是那种快乐是冲突结构的一部分。

拉：意识的本质是冲突。

克：那不是它的本质。意识是冲突。如果我没有冲突，那么我会发生什么呢？

阿：你说如果没有冲突的话，就没有"我"。那是否意味着没有冲突的状态是无意识状态？

拉：没有冲突的状态超越了冲突。我们生活的空间是冲突。

阿：先生，我认为冲突的激化包括命名。

克：命名全部被包括在其中。普通人可以随波逐流直到矛盾被激化。

阿：当矛盾变得激烈，然后命名开始。

克：什么是命名？我们究竟为什么需要命名？为什么我要命名曰"我的妻子"，为什么？探究一下这个问题吧。

阿：在一个层面上是为了沟通，在另一个层面上很微妙。

克：为什么我要说"她是我的妻子"？

阿：因为我想要继续下去。

克：先生，为什么我要说：我的妻子？

阿：为了安全——我想要依靠她。

克：看吧，我说语言不是事物本身。永远不是。语言只是沟通的一种方式。事实不是语言。她是"我的妻子"这个事实在法律上是真实的，但是当我说出这个事实的时候又做了什么呢？为什么我要为这个事实命名呢？为了持续性，为了加强我已经建立起来的形象？我占有她或者她占有我，为了性，为了舒适或其他。这一切都加强了关于她的意象。这个意象把她设定成为我的。与此同时，她在发生变化，她在看其他男人。我不承认她的自由，为了我自己，我根本不承认自由。所以当我说她是我的妻子的时候，我做了什么呢？

阿：你说我们不喜欢运动，我们喜欢静止的事物。

克：我想要占有她，那是我需要她的原因。脑细胞建立了一个习惯的模式并且拒绝离开这个习惯。

阿：我想要理解你所说的——我们全部的意识是语言，是知识。

克：知识被拼凑在一起。知识是一种过程。过程就意味着时间。时间意味着思想。因此，通过思想、知识和时间，你尝试找到超越时间的、不是知识、不是思想的事物，那是不可能的。

阿：我们描述的整个过程一定也是非语言的。

克：我们是用语言来进行沟通，来分享两个人之间的共同点。人类之间的共同点是绝望、痛苦和悲伤。这可以通过时间来消除吗？或者他们可以立即被消除？这个过程是以语言结束还是不以语言结束呢？语言不是事物。你可以描述最美味的食物，但是描述本身并不是食物。语言不是事物本身，但是为了理解一件事物我们需要使用语言。为什么我们把语言变得如此重要?

阿：为了沟通能发生，需要用到语言。

克：沟通，即一起分享一个共同的问题，何时会发生呢?

阿：它可以以非语言的形式发生。

克：对我来说，沟通意味着一起分享、一起思考、一起创造和理解。我们何时在一起呢? 当然，不仅仅是在文字层面上在一起。当我们在同样的层面以同样强烈的程度，拥有极大的活力和激情的时候，我们就是在一起分享这个问题。这什么时候发生呢? 当你热爱某件事物的时候，就会发生。当你爱着的时候，那就结束了。我亲吻你，我握着你的手，到这就结束了。当我们缺少"那个东西"的时候，我们用语言兜圈子。我肯定所有的专家们都忽视了那一点。

因此，我们的问题是，如何能够在相同的时间、同样的层面，以同样强烈的程度遇到彼此并能走到一起。那是真正的问题。当存在我们称之为爱的性时，我们会那样做。否则就是你为你自己而战，我为我自己而战。这是问题所在。处于悲伤中的我能否说"让我们走到一起，让我们一起谈谈"，而不去谈论龙树、商羯罗和其他人都说了些什么。

1971 年 1 月 5 日

十五　探索的本质

（一）用智力探索问题是一种错误，我不再使用它

阿： 我们终其一生都在从原因的角度来思考，并对原因采取措施，找出原因并尝试控制原因。但是即使知道原因我们也无法对它产生影响。这也是我们经历的一部分。然而，佛陀发现了痛苦的原因并从痛苦中解脱了出来。你说原因就是结果，结果就是原因；你也指出，在这种因果中，时间是不可避免的。但即使在听过你的讲解之后，原因产生的影响和对原因采取措施依然是我们的思维中不可或缺的一部分。我们可以深入探究这个问题吗？

克： 问题是什么？

阿： 在理解层面探索因果顺序的有效性。

克： 你说的"探索"是指什么？探索的头脑是什么状态？你说一切行为都有一个原因并且那个原因会影响行为，不理解原因的话，你的行为将总是受到限制。所以你说探究行为的原因，理解原因并因此引起行为上的一种突变。

我不知道行为的原因。也许存在明显的原因和其他没有被有意识的头脑发现的原因。我可以看到引发行为的浅层原因；但是这些浅层原因却深深扎根于人的存在本身。那么，有意识的头脑能否不仅仅审视浅层，

同时也向更深层挖掘呢？有意识的头脑能否探究更深的层面？探索中的头脑处于什么状态？这三个问题很重要。否则，发现原因没有任何意义。

拉： 当你不知道的时候就会探索。

克： 首先我们要问，正在探索的头脑的品质是什么？在我开始探索之前，我必须弄清楚要去探索的头脑的状态。你说佛陀这样说，其他人那样说，但是我说你必须首先找到能够进行探索的头脑的品质。这个探索的"我"是什么？它是扭曲的、目光远大的，还是急功近利的？你是否拥有一个不受任何结论约束的头脑？否则的话，你无法探索。

阿： 我们抱有诸多尚未认识到的假设，我们看到它们并且放下它们。

克： 你正在做的事情是按部就班的分析。当你分析的时候，发生了什么事情呢？存在分析者和被分析的事物。为了分析，分析者一定要有非常清楚的视野，如果他的分析被扭曲了，就没有价值了。分析的过程暗示着时间。在通过时间进行的质询中，扭曲的因素就会进入。因此，这种分析的方式是完全错误的。需要抛弃分析。

贾： 我困惑了。

克： 是的，我们很困惑，这是一个事实。我们不知道要怎么做，于是开始分析。

阿： 分析的过程对我们而言是具体的。当你对原因采取措施的时候，一些其他的因素进入其中。这是否意味着对这个问题的分析变得不重要？

克： 我认为整个过程是错误的。我关心的是被一系列有时间参与的分析探究和分析蕴含拼凑在一起的这种行为。等我找到我所寻找的事物时，我已经筋疲力尽了，或者死去了。要用有意识的头脑去分析探究隐藏的层面是困难的。因此我感觉全部的智力过程都是错误的。我这样说并没有冒犯的意思。

阿：智力是我们拥有的唯一探索工具。作为探索的工具，智力具有收集、回忆、预知和分析的能力。它只是一个片段。因此，由头脑通过一个片段完成的探索只能够带来片段的理解。我们能做什么呢？

拉：我什么都做不了。

克：你说智力是人拥有的能够去探索的唯一工具，它是吗？智力有能力去探索吗？如果有，它难道不是只能进行片面的探索吗？我认为片面的智力只能进行片面的探索。我看到了这个事实，不是作为一种结论，不是作为一个观点，而是作为一个事实看到了这点。因此我不再使用智力了。

阿：这样的头脑也许会陷入信念中。你说头脑感觉到了这一点。当头脑肤浅地抛弃了分析，它便陷入其他的陷阱中，因此这必须严谨地通过智力来探索。

克：分析不是解决的方法。

阿：我们用什么工具探索呢？我们的理性必须能证实你所说的话。

贾：你通过非分析的道路到达了那里。我们看到了它的逻辑。

克：我要告诉你分析不是理解的途径。我用理性告诉你逻辑顺序。那只是一个解释。你为什么看不到分析不是理解的途径呢？

阿：你所说的是符合逻辑的。

克：有人告诉你，你的方法是错的，因为它以片面的智力为基础，而那种片面的探索根本不是探索。你所做的是通过逻辑得出结论，但是我们没有在谈论逻辑。逻辑引导你走向分析。

阿：那是片面的分析。

克：就好比说我是部分地喜欢我的妻子。

阿：我们在这里使用同样的工具，我们开发出这工具是为了理解外部环境、理解自然。但是它们在这个领域是不适用的。

克：它们不适用。分析过程涉及时间。因为涉及时间，它就一定是片面的。片面由智力引发，因为智力是这整个结构的一部分。

阿：当你提出这个问题的时候，探索的工具是什么呢？当你提出这个问题，我们又回到了智力上。

克：你开始时说智力是探索的唯一工具。我说智力是片面的，因此你的探索将是偏颇的。因此你的探索就是无效的。

阿：可以肯定的是，智力是片面的，并且它无法观察，但是它通过习惯开始运作。

克：阿克尤特从谈论因果关系开始——那些都是分析过程。分析意味着时间，在这样的分析中存在分析者和被分析者，分析者必须脱离过去的种种积累，否则他不能分析。可他不能脱离过去，因此分析是无效的。看到了这些，我说它结束了。因此，我在寻找其他的方式。

（二）不要用心看，而要无心看

阿： 这是最简短的总结——通过逻辑，逻辑被摧毁了。

克： 我看到分析不是正确方法。而觉察能够将头脑从一个错误的过程中彻底解放出来，所以头脑变得更加有活力。就如同一个负重行走的人移走了身上的重物一样。

阿： 但是对我们来说，负担又回来了。

克： 在你洞察到一些真实的事情的时候，它又如何能返回到过去呢？你看到蛇是危险的那一刻起，你不会再回到蛇那边去。

阿： 龙树说："若你把我所说的作为一个概念，你就完蛋了。"

贾： 存在其他的方式吗？

阿： 你说了一些事情。在你说的时候，那工具就停止了运作，因为那工具不会再多说任何事情。

克： 但是那个工具非常敏锐、非常清晰；它杜绝任何片面的行为。

阿： 若它在持续观察，它就能够运作。

克： 不，先生，整个分析过程终止了。

阿： 我们已经讲过这件事了……

克： 不，我们还没有探索。我在向你们展示如何去探索。你所做的事情就是使用智力这个片面的工具。而你认为那就是全部的答案。看看头脑是如何欺骗自己的，它是如何说"我分析了这一切"，但是它没有看到这种分析是多么片面，致使它变得毫无价值。智力作为一种探索的工具本身变得毫无价值。我问自己：如果智力不是探索的工具，那么会发生什么?

阿: 当一个人走到这一步的时候,他便感觉需要支持、需要帮助、需要支撑。

克: 事实是,智力是一种不完整的工具,因此它无法理解一个完整的运动。那么什么是探索?如果智力不能探索,那么什么是探索的工具?商羯罗、龙树、佛陀是怎样评论这件事情的呢?他们否定智力吗?

阿: 他们说在"大地"的帮助下去进行探索。

克: 那是通过局部的热情和能量去探索全部的能量。这怎么可能呢?他们为什么这么说?

拉: 吠檀多(vedāntic)的观念是:通过智力你无法看到,但是通过作为洞察力最核心的真我或者本我,你可以看到。

阿: 因为我们的头脑被严重地局限了。当我们找到了支持,就抓住不放了。

克: 我们发现分析和智力的方式根本不是探索。这就好比走进隧道的一半。如果智力不是探索的工具,那么此时头脑的品质是什么呢?

阿: 当智力被放置到一边,那么头脑中没有任何过去的事情存在。

克: 是谁把智力放置到一边的呢?你已经又回到了二元的过程中了。

阿: 我们看到智力是片面的。

克: 那就是为什么我们要问:能够探索的头脑,能够探索的整个身心有机体的品质是什么?任何局部运动都是不完全的,因此无法到达任何地方，能够看到这一点的头脑，它的品质又是什么呢？我知道部分地看到就等于根本没有看到，因此我与它之间已经没有关系了。它完全结束了。然后头脑会问：全然洞察的本质是什么？是不是只有这样的全然洞察才能够探索？它可能完全不需要探索任何事情，因为需要探索的都来自部分的领域——划分、分析和探索。我在问什么是全然洞察，全然洞察的品质是什么？

阿： 任何形式的运动都不可能是全然洞察。

克： 什么是全然洞察呢？

拉： 在全然的洞察中仿佛不存在工具，因为工具从属于某些事物。

克： 困难在哪里呢？当你向窗外看那些灌木丛，你是如何看它们的呢？你往往是一边想着某事一边去看。而我说你只要看，就可以了。如果我欣赏一幅画，我不会说这位画家如何如何、这位画家比其他人要好。我没有衡量。我不会把它语言化。我们刚刚还说部分地看就等于根本没看，因此，头脑就已经与部分没有关系了。当我看的时候，我只是看。

拉： 习惯的因素在我们身上是如此强大。

克： 被习惯劫持的头脑不能进行探索。因此，我们必须审视被习惯束缚的头脑，理解习惯。忘记探索、因果、分析。让我们截断这些。

阿： 但是你通过智力所说出的任何话都是部分的。

克： 要看它的真相，而不是它的逻辑。你可以晚些时候将逻辑补充进去。你原以为是门的东西其实并不是门。一旦你看清了这一点，你将不会向那扇"门"走去，但是你看不清。

拉： 洞察与认知有什么区别呢？对我们而言，洞察具有认知的形式。

克： 因为你通过联想来认知。认知是联想习惯的一部分。所以我说，你不能用一个困在习惯中的头脑去探究、去探索。因此，要发现习惯的机制。不要关心探索。

阿： 习惯是惯例。

克： 习惯是怎样形成的？那是门，我要穿过那扇门。那么为什么头脑陷入了习惯中呢？是因为那是最容易的运作方式吗？是因为在习惯中没有冲突吗？——我不需要思考。我六点起床，九点睡觉。

阿： 我看到一棵树。我不去想它，但头脑会说，那是一棵树。

克： 那是一个习惯。为什么头脑要陷入习惯中呢？因为那是最容易的生存方法；机械地生活非常容易。以性或者其他方式来生活也很容易。我可以不带有努力和改变地生活，因为在习惯中我找到了完全的安全。在习惯中没有探究、探索和询问。

拉： 我生活在习惯的领域之中。

克： 因此习惯只能够在非常小的范围内运作，就好像专攻某一领域的教授；头脑就像一个在小房间里活动并以一种模式生存的僧侣，需要一种生活在模式中、没有改变的安全。这一切都是部分探究，它并没有把头脑从模式中解放出来。那么我们要怎么做呢？

阿： 看到了这些，知道了部分的理解即是不理解，那么头脑要如何将自己从习惯中彻底解放出来呢？

克： 我正要展示给你看。

阿： 我们已经探究过习惯，但是头脑无法从中脱离。

克： 你将永远不会返回到对习惯的分析。你也将不再探究习惯的原因。因此，头脑摆脱了分析的重负，分析是习惯的一部分。因此，你已经摆脱它。习惯不只是某事的表征，它是受心理影响的。当我们用我们既有的方式来探究习惯，探索就结束了。

阿： 我们依旧没有摆脱习惯。

克： 因为你依然坚持认为门就在那里。你刚开始就高呼着"我知道"。其中有某种自负感。你并没有说"我想要去发现"。当头脑摆脱习惯的时候，全然洞察是什么？习惯意味着结论、方法、想法、原则等。习惯是观察者的最核心部分。

拉： 那是我们所知道的"我"的全部。

克： 为了寻找答案，我翻开了书本。而那正是造成破坏的地方，其他人所制造的破坏——商羯罗、佛陀和所有其他人。我倾向于这位上师，我倾向于另外一位；我辩护；我不会放手，因为那关系到我的虚荣心。你知道那部动画片里的一句话吗："我的师父比你的师父更觉悟。"

因此，先生，谦虚是必需的。我绝对什么都不知道，并且，若我自己没有找到答案的话，我是不会人云亦云的。我真的不想知道更多。就是那样了。我认为真实的那扇门，其实并不是门。随后发生了什么呢？我不会走向那个方向，我会去弄清楚。

1971 年 1 月 7 日

十六　秩序与思维

（一）追寻行为的秩序模式反而造成不安全

阿： 观察的最大障碍是观念。事实与对事实的观念之间，有什么区别呢？

克： 专家们是如何看待"观察""看到"的呢？

拉： 吠檀多教义认为，意识通过感觉器官运作。意识的形状取决于物体的形状。就好像水变为容器的形状。那就是观察。

克： 对你而言，观察——看到又是什么呢？你看到衣橱，你已经有了衣橱的形象，因此，你把它认作是衣橱。当你看到那件家具，你是先有意象还是先看到、先拥有意象然后再认知呢？

拉： 意象瞬间浮现，然后我们就叫它衣橱。

阿： 看到，然后立即命名。

克： 那么，我就不是先抱有意象。看、联想、识别、命名。我不会从命名和形象开始。那相当简单。我今天早晨看到你。我昨天已经见过你，因此，脑中存有你的一个意象。那个意象就是你。看到的物理实体与心理上的意象之间存在不同之处吗？

阿： 两者间存在不同。就物体而言，它就只是形状的一个形象，而心理上的意象则是由反应产生的形象，不仅仅是形状。

克：以蛇为例，脑细胞受制于蛇；它们知道蛇是危险的。头脑受制于童年里关于蛇的危险记忆，并做反应。孩子不知道危险，可能就不会做出反应，但是妈妈走过来告诉他蛇是危险的。当你给某事命名的时候，就在脑海中产生一幅画面。头脑受到了制约，在特定情况下，名字就会被想起。

阿：因此，问题是，在看到事实之前，关于事实的观念就产生了，而这个观念也许不一定是真实的。

克：你是说当一个人感到愤怒时，是这个命名加强了这种感觉？

阿：我与我的兄弟大吵了一番，然后无论何时我看到他都提高警惕。因此，我根本无法真正看到他。我仅仅看到了我关于他的一个观念。

拉：脑细胞携带着受伤害的形象。

克：存在着愤怒。在愤怒的时候，没有命名。在一秒钟之后，我称这种情绪为愤怒。把那种感觉称为"愤怒"是为了记录那个事实并且强化过去的记忆，即把那种感觉认定为愤怒的记忆。

拉：这与命名不同。

克：我们正要说到这一点。我看到一个令我愤怒的人，然后情感反应便发生作用。在愤怒的瞬间并没有命名，但是命名在瞬间之后就产生了。我们为什么要命名呢？为什么我们要说"我很愤怒"这样的话呢？为什么需要把它变成语言？或者命名仅仅是一个习惯，一种立即的反应？

阿：防御机制开始运作。认知本身制造出了一种状况，说："我不想卷入冲突中去。"

克：命名作为自我防御的过程，是它的一部分。为什么人要命名一种特定的反应？

拉：否则，人会感觉不到他的存在。

阿：如果我不命名的话，就不会有连续性。

克：为什么头脑要给予它连续性呢？

拉：为了感觉到它的存在。

克：是什么存在——愤怒的感觉吗？为什么命名变得如此重要？我命名我的房子、妻子、孩子。命名强化了"我"。如果我不去给我感觉到的愤怒命名的话，会发生什么事情呢？愤怒就会结束。为什么要有连续性呢？为什么大脑要在连续性中运作？为什么存在这种不停的语言化过程呢？

阿：言语表达使这种感觉遗留下来。

克：我们为什么要这么做呢？它可能是一种习惯，即给愤怒的感觉赋予一种持续性并且不终止这种感觉。那一切都表明头脑需要被占据。那么，为什么头脑要被性、上帝、金钱占据呢？为什么？

阿：头脑需要刺激。如果没有刺激的话，头脑会沉睡。

克：是那样吗？难道不是这种占据使得头脑沉睡吗？

阿：那么为什么当头脑没有被占据的时候，它就会松弛下来？

克：相反，在我们开始询问为什么必须存在持续的占据时，头脑就已经很活跃了。

阿：仅仅是排除占据还不足以保持头脑活跃。

克：当然。许多人的头脑中没有任何占据，却也一天天变得更加迟钝。问题是，为什么你的头脑想要被一直占据？是因为如果它不被占据的话，就会沉睡吗？或者，对空虚的恐惧使得头脑想要被占据。我在探询。而只有不被占据的头脑才能够探询。在探询中，头脑是清醒的。我们中的大多数人陷入使观察受到妨碍的习惯中：我是一名印度教徒，在我的余生里我都是一名印度教徒。你是个穆斯林，在你的余生里你都是一名穆斯林。但是如果我问自己为什么我是一名印度教徒，我便开启了质询之门。命名也许正是出于不知道要做什么的这种恐惧。

阿：不愿离开已知之岸的恐惧。

克：那么，头脑能够观察被称为"愤怒"的反应，不命名它并且就这样结束吗？如果头脑这样做了，就不存在愤怒的延续。当下一次这个我称之为"愤怒"的反应产生，它就具有了完全不同的意义、不同的品质。

阿：我们的困难是，我们用观念来应对愤怒。

克：为什么我们有想法和规则？让我们重新开始。我们知道被限制的反应、命名等。现在，我们把命名看作是赋予愤怒以延续性的因素。我看到这个真相，因此我就不命名了。如同我看到蛇的危险而不去碰它一样，我也同样不去触碰这个。因此命名结束了，愤怒经历着改变。

拉：似乎当我们能够观察愤怒的时候，愤怒就消失了，当我们不能观察的时候，愤怒又出现。

克：不。你称我为傻瓜，我生气了，因为我不喜欢被叫作傻瓜。我看到了，我看到了命名的错误。那么哪里还会有反应呢？没有命名，取而代之的，是这种洞察瞬间产生。因此根本就不存在伤害。我们首先有想法，然后我们洞察并且行动。

阿： 我们有着自己深深的局限，而不能产生洞察行为。文化上、社会学上和人类学上的局限一起制造了一个既定框架，这个框架带给我们安全感。

克： 你为什么要这么做呢？

拉： 我们就是这样长大的。

克： 那还不够。你知道我们为什么这样做吗？我们知道这么做在经济上和社会上是有利的。部落主义依然坚持它非常重要。走出模式——印度教和伊斯兰教的模式，你将看到会发生什么。就我个人而言，我没有模式。你为什么有呢？弄清楚。

规则即模式给你的行为带来安全。我们拟定行动的准绳，并因此感觉到安全。因此，对不安全的恐惧必然是我们制定模式和观念的原因之一。头脑想要确定感。脑细胞只有在完全安全的时候才会完美地运作。我不知道是否你在自己身上已经发现：只有当存在秩序的时候，脑细胞才能运作。模式里就存在秩序。

阿： 你是说，我们在生理上有着对秩序的内在需要？

克： 即使在生理上，如果你没有某种秩序，器官就会反抗。秩序是必需的。你没有发现，在你睡觉之前，脑细胞会试图建立秩序吗？它说："我不应该做这件事，我不应该说这些。"除非你在睡觉之前建立秩序，否则脑细胞会建立它自己的秩序。这些都是事实。

模式是开展生活使之不至于混乱的最安全的方式之一。对于一个缺少秩序并希望找到秩序的头脑而言，模式是必需的。在上师或不同形式的部落主义——婆罗门部落、印度教部落或者印度部落主义中找到安全的头脑会发生什么呢？——将自己称为印度人是为了安全。属于基督教，就会被当作那个群体的一员来对待。只要我属于某些教派、某些上师，我就是安全的。那么，当我有我的模式而你有你的模式时，当我是印度教徒而你是穆斯林时，会发生什么呢？存在分别，那么就存在不安全。

脑细胞要求秩序，要求安全，否则它们无法正常地运作。它用模式作为实现秩序的一个方法。这种通过模式来寻求秩序的做法造成了分别和混乱。一旦我看到这一切中存在着真正的危险，会发生什么呢？我会不再寻求模式中的安全，然后我会探询：在任何其他方向上是否存在安全，以及究竟是否存在安全这样的事物。

阿：但是大脑需要安全。

克：头脑必须有秩序。

（二）拒绝模式的瞬间就产生了智慧

阿：秩序不是安全。

克：秩序是安全，秩序是和谐，但是对秩序的追寻却以混乱终止。看了这些，我就抛弃了一切模式：我不再是印度教徒、佛教徒或穆斯林。抛弃这一切。这抛开就是智慧。在抛开的同时，头脑就变得非常智慧。智慧是秩序。我不知道你是否看到了这点。

在觉悟中存在秩序。因此，头脑能够以完美的状态运作。那么关系就有完全不同的意义。

脑细胞在混乱中寻求秩序，它们没有发现混乱的本质。当脑细胞拒绝模式、拒绝部落主义的时候，在拒绝的瞬间就产生了智慧，而智慧就是秩序。

1971 年 1 月 8 日

十七 事物、知识与洞察

（一）只有不带有结论的头脑才能够"看"，其他则不能

阿：我认为我们应该探讨一下对美的洞察这个问题。你曾说过传统忽视了美的领域。我们需要深入探索这个问题。

克：那么问题是什么？什么是对美的洞察？你是说先洞察，然后有美吗？当然不是洞察和美，而只是洞察。对此传统观念有什么看法呢？

拉：一种传统的观点认为美是对体验的欲望或渴求终结的时候产生的幸福感。

克：这是一个理论还是事实呢？

拉：作者在表述他的感受；毕竟他是很久之前写下的这段文字，并且只有他的一些只言片语被保存了下来。

阿：迦梨陀娑①（Kālidāsa）说对美的经历每刻都是新的。

拉：在印度和希腊都有这样一种感觉，终极的洞察是对真、善和美的洞察。

克：我们是在讨论美还是洞察？我们将从洞察开始。对洞察的传统观念是什么呢？

---

① 印度古典梵语诗人，剧作家，约生活于公元 4—5 世纪。

拉：传统观点对洞察有着详尽的讨论，并存在许多互相矛盾的观点。

阿：洞察是直接感知（pratyakṣham），洞察是看到事物的本质，看到它们的核心品质。

克：看到事情的实质就是洞察，是那样吗？我不是在谈论你看到的事物而是说这种看的行为。他们是在谈论看的行为而不是被看到的事物吗？

拉：他们在谈论正确的知识和不正确的知识。

克："看"是一回事，"看到"某物是另一回事。他们在谈论什么呢——是看的本身还是看到某物？

阿：我认为是"看"本身。他们关心的是错误地"看"所带来的经常性危险。

克：不。我们不是在谈论正确地或者错误地看，也不是在谈你看到了什么——椅子、绳子、蛇，而是在探讨什么是"看"。

阿："看到"和"知道"存在不同吗？

克：看到、知道和看到事物、通过形象和符号来看事物与"看"是完全不同的，对于看，他们说了些什么呢？

拉：他们并没有以这种方式来探讨它。

克：饥饿存在于其自身：它与食物无关。因为你饥饿，所以你需要食物，但是饥饿的本质就是饥饿。对你而言，看和洞察是什么呢？不是看到物体，而是有洞察力的头脑的品质。通过双眼去看事物是一件事情，通过知识去看是另外一件事情。我们在探讨看本身。存在着一种不带有知识和事物的看吗？我看到碗橱。这看，是通过语言和知识的，语言与"碗橱"联系在一起。因此我们这是通过知识、形象、符号、语言、智力去看事物。那么是否存在着没有知识与形象、没有事物参与的看呢？

阿：什么是没有事物的看？如你所言，人能够不带有知识地看。那儿有一个碗橱。即使我们脑海中没有关于碗橱的形象，它也仍存在于那里。那意味着它是一件事物。

克：那儿有一株小树，无论我是否看到它，它都会长成一棵大树。它相对于我的"看"是独立的。我可以把它叫作杧果，因此，把它与杧果这个物种联系起来，但即使我没有看到它，杧果也将生长。

拉：它的存在与"看"的行为无关……

阿：没有我们的看，事物同样存在。但是没有事物，这样的觉察可能存在吗？

克：那棵树继续存在。

阿：在佛教徒的冥想中，当他们谈论没有事物的洞察时，他们指的是天空。天空是事物，又不是事物。

克：字典中"看到"（perception）这个词的意义是"变得知晓、理解"。你看到碗橱，你对它有了先入之见；头脑把它认作是碗橱。存在没有先入之见的看吗？不带有预先积累的偏见或者伤害、快乐和痛苦的记忆，去看。只有不带有结论的头脑才能够看；其他则不能。

是否存在一种看，不涉及事物以及对这件事物的知识？当然存在。曾经有一位电影导演来看我。他叙述他是如何服下中枢神经幻觉剂，并且让其他人录下了他的反应。他坐在椅子上等待着药效发作。一开始，什么都没有发生。然后他稍微移动了一下位置。他和物体之间的距离立刻消失了。之前，在作为观察者的他和被观察的事物——一朵花之间存在着空间。在空间消失的瞬间，它不再是一朵花，它变成某件神奇的事物。这就是药物的作用。但是现在的情况有所不同。观察者是知识的持有者，是知识认出了碗橱，是观察者看到了碗橱。看看发生了什么：观察者带着他的知识认出了碗橱。认知暗示着以前的知识。因此观察者就是过去的知识。而现在我们是在问，是否存在一种没有观察者、没有知识、没有过去的观察本身？

拉：如果过去的知识不存在，那么观察者也不存在。如果观察者不存在，那么过去的知识也不存在。

克：因此，没有观察者的"看"是可能的。我说的是"可能"。这可能性变成了一个理论。我们不是要探究理论，而是要看到观察者是过去的残留，因此他只能通过过去来看。因此，他的这种"看"是部分的。如果要有洞察的话，那么观察者一定不能存在。那可能吗？

拉：在一位艺术家身上发生了什么？他觉察所用的洞察力很显然不是我们通常所拥有的感知力。

克：等一下。洞察是智力上的吗？

拉：不，智力是过去。

克：因此，问题并不在于"看"来自一位艺术家或者一位非艺术家，而是指没有过去的"看"。艺术家可能不带有过去地"看"了一会儿，但是他诠释了他的洞察。

拉：那是瞬间的洞察。

克：存在没有观察者的洞察行动吗？"行动"意味着即时的行动，而不是一种延续性的行动。"行动"这个词本身的意思是"做"，不是已经做了或者是将要去做。

洞察是一种行动。它不是行动者依照他所拥有的知识而进行的行为。专家们关心的是行动呢，还是知识和行为？

拉：我不知道。在一些著作中，曾提到对美的洞察是在时间、命名、形式和空间都不存在的时候产生的。

克：我们没有在谈论美。洞察意味着行动。当观察者行动的时候，我知道行动是什么——观察者学会了一种特殊语言或技能，获得了知识，然后行动。

阿：洞察意味着感觉器官与物体的直接接触吗？

拉：传统主义者谈论间接洞察和直接洞察。间接洞察要通过工具或媒介，而直接洞察则不要求看的感觉器官参与。也许直接洞察与你所谈到的事情更加接近。

克：你知道通过知识的洞察是一种过去的行为。它与作为行动的洞察是不同的。

阿：洞察本身就是行动，因此其中没有时间参与。

克：行动与作为观察者的知识之间的时间间隔结束了。这种行为不是受时间束缚的，而另外一个却是。因此这是清晰的。那么，与洞察相关的美是什么呢？

拉：美是想得到某些体验的欲望的终结。那是传统主义者所认为的。

克：抛开善、爱、真，什么是美？

拉：它不仅仅是洞察，因为洞察可能是对任何事物的，甚至可能是丑陋的事物。

克：不要引入"丑陋"。洞察是行动，觉知是行动——就停留在此吧。我们在探讨美。你已经简述了专家们是怎样评论它的。现在让我们忘掉其他人的评论。我想要找到什么是美。我们看到一座建筑或者读一首诗，然后我们说：它是多么美啊。这样我们通过一件事物认出了美。

现在我们把事物放到一边。如果美不在表述中，也不在事物中，那么美在哪里呢？在持有者身上吗？持有者是观察者。通过过去的知识，观察者识别出某些事物的美，因为他的文化告诉他那就是美，他的文化限制了他。

阿：给人带来快乐的女人是美丽的，而当她不能给人带来快乐时，她就不再美丽了。

（二）给自己一个充满能量、自由敏感的头脑

克：我抛弃表达，抛弃制造出的事物，抛弃情人眼里出西施的想法。我抛弃人们所说的关于美的一切，因为我看到美并没有存在于他们所说的一切中。将作为事物制造者的思想抛弃的头脑，会发生什么呢？将所有其他人积累起来的美的观念抛弃的头脑，具有什么品质呢？显然，这样的头脑非常敏感，因为它以前背负着重担，而现在变得轻了许多。

拉：你说你抛弃了事物和制造事物的思想。

阿：思想是知识。

克：思想是知识，它通过知识和文化而被积累。思想是制造事物的记忆的反映。我抛弃一切关于美的观念——关于作为真、善和爱的美的观念。洞察是抛弃的行动，不是"我在抛弃"，而只是抛弃。因此头脑现在是自由的。自由并不意味着是从某事中解脱的自由：自由就是自由。接下来会发生什么？头脑是自由的、高度敏感的，不再被过去所束缚。在那样的头脑中，根本不存在观察者；那就意味着不存在"我"去观察，因为"我"的观察是一件非常局限的事情，因为作为观察者的"我"是属于过去的。

看看我们做了什么。存在着物体、知识和洞察：通过知识我们认识物体。我们问：是否存在没有知识、没有观察者的洞察？因此我们抛弃事物和知识。洞察是抛弃的行动。

我们再一次问，何为美？一般来讲美是同由思想和感觉创造的事物相联系的。我们则抛弃那些。

然后我问：抛弃了那些的头脑的品质是什么？它是真正自由的。自由意味着高度敏感的头脑。在抛弃的行动中，头脑带来了它自己的敏感。这意味着在那个行动中没有中心。没有作为观察者存在的中心，那敏感就没有时间。它是一种强烈的热情状态。

拉：当事物和对事物的知识都不存在的时候，就没有焦点。

克：不要使用"焦点"这个词。抛弃了"不是"的头脑，是自由的。洞察到"不是"的行动解放了头脑，头脑是自由的——不是从任何事物中解放，而是自由。

阿：洞察的行动和抛弃知识的行动是在瞬间同时发生的。

克：那是自由。洞察的行动带来了自由，而不是从某事物中解放。当头脑敏感时，完全放弃了作为观察者的自我，其中没有中心，没有"我"。然后，头脑就充满了能量，因为它不再被悲伤、痛苦和快乐的分别所束缚。它充满激情，这样的头脑可以看到真正的美。

我看到痛苦是能量的局部活动。人类把能量分成几部分：快乐的能量、痛苦的能量、去办公室的能量、学习某事的能量。当我憎恨某人和爱某人时，都涉及能量。这种片段的能量，向相反的方向行动，产生了冲突。因此我们所有的生活方式都是片段的；每一个片段在与另外一个片段斗争。

当没有部分的运动时，就存在能量完全的集中。能量，当它作为一个和谐的整体时，就是热情。那种能量就是自由敏感的头脑。在这样的头脑中，作为过去的"我"被完全消融了。那就是美。

1971 年 1 月 11 日

十八 能量与分裂

（一）是什么使我们一叶障目

阿：听了昨天的谈话，我想知道，什么是能量？在观察了自己所有的活动领域后，我发现自己只知道分裂的能量，我不明白你所谈论的事情。

克：有身体能量、智力能量和情感能量；有愤怒的能量、贪婪的能量。这一切都是能量的形式。传统认为性能量必须被控制。

阿：传统主义者认为除非一切能量的损耗停止，否则我们将永远无法了解"另一个"。看起来并不是那样。抑制和你所说的否定之间没有关系。但是事实是我只了解分裂的能量。

克：传统的方法将把我们引入一个特定的模式，引入分裂的能量中。

阿：也许那是因为我们知道的所有能量形式都是破坏性的：我们的智力能量制造体系和模式；我们的情感能量是一种针对其他个体的反应。

克：谈话者昨天没有提到一切能量都是从一处能量之源产生的吗？

阿：你所说的有不同的来源。你说智力的作用是看到智力本身是支离破碎的并因此是不适用的。当心智看到它本身的缺陷，那就是心智所能看到的最大真相。只有当到达了这里，才存在"另一个"。似乎我们知道的一切都是片段，而你所说的是另外一些事情。

克：你将怎么做呢？你如何停止能量的分裂？

阿：我不会说"如何"，因为那种行为的本身就是形成过程的一部分。

克：那么你将怎么做呢？专家们、传统主义者们是如何看待这个问题的呢——不同种类的能量，彼此存在冲突，争夺权力；一种形式的能量假定自己是独裁者的角色并且尝试去控制或者镇压其余能量吗？他们把真我作为解决问题的方法了吗？

阿：龙树引入"空"（śūnyatā）或者空无的概念。当片段被清除，就存在空无。空无中有一切。你是自发地认识到这一点的吗？

克：专家们还说什么？

阿：商羯罗说："获得学问和随之而来的声望，那又怎么样呢？获得财富和随之而来的权力，那又怎么样呢？周游列国，款待并取悦朋友，帮助病穷，在恒河中沐浴，给予大量的施舍，千万次地祷告，那又怎么样呢？这一切都完全无效，除非认识自我。"结束时他说，只有发现了所有这些享有美名的行为都剥夺了自知的重要性的人，才能够自我领悟。

克：意识中的分裂这个问题，专家们是如何处理的呢？

阿：他们区分"精神"（caitanya）与"心"（citta），这两个词有一个共同的词根"cit"。

N："cit"是"意识"。

阿：他们探索头脑的分裂本质吗？还是他们说头脑的活动是不真

实的？

克：我们尝试探索的问题是什么？

阿：我们仅知道能量的各种碎片化的表现。有可能看到能量的整个领域吗？或者说这是一个错误的问题？

克：如果存在一个或多个片段，那么，想要观察整个能量的实体是什么呢？我们的头脑是如此的受限，以至于我们无法突破局限吗？

阿：我们的确很受限。

拉：你有一天在讨论中说，如果有人侮辱我，我会感到受伤。但是如果在那时给予关注，我就不觉得受伤，头脑就没有对它的记录。但是事实是，反应是瞬间的。当反应瞬间发生时，在那时怎么可能给予关注呢？

克：（指着地毯）那儿有一小块地毯，是整个地毯的一部分。我仅仅看到这个部分，而你说如果没有整个地毯的话，这个部分则不存在。我的一生都在观察这个部分。你走过来说这是全部的一部分，如果其他部分不存在的话，这个部分也不存在。但是我无法把目光从这个部分上移开。我同意如果整个地毯不存在的话，这个部分也不存在。但是我从来都没有观察过整块地毯。我从没有离开过这一小块地毯。我的注意力被固定在这一小块地毯上。我不知道要怎样移开视线去看整块地毯。如果我能够移开视线去看整块地毯，我会看到那里没有矛盾，没有二元性。但是如果我说为了看到全部，我必须抑制部分，那么就存在二元性。

拉：这在智力层面上是清晰的。

克：首先，我需要在智力层面上明白说了些什么。然而，智力也是全部的一部分。你知道只要观察集中在一部分地毯上，就不存在对整个地毯的觉察。你说你在智力上理解，但此时你已经离开了整体。你也看出智力是一个片段。你用不同的部分来看全部。因此，否定智力吧。（停顿）

你看，我们习惯于横向阅读。因此，我们总是横向思考。如果我们像中国人一样纵向阅读，那我们也会纵向来思考。但无论我们横向还是纵向地思考，思考本身都是线性的，都是分裂的一种形式。那么，问题是什么？（停顿）是否存在非线性、因而不分裂的洞察呢？

你如何看到事物的整体呢？是什么样的洞察能一眼看到人类生命的整体结构和全部的领域呢？看吧，这是生命的全部领域：身体的、情感的、智力的、心理的。在那个领域中有不同的矛盾——性与不要性、神与没有神、共产主义，等等；也同样存在痛苦、焦虑、内疚、谦卑、骄傲。那么，头脑如何看待这整个领域呢？如果没能看到整个领域，而只是处理其中一个问题的话，就会制造更多的问题。

阿： 人类七万五千年的历史造成了这种模式。无法回头。

克： 先听我说。这是我们所描述的存在的整个领域。这其中也有其他因素。那么，我们要如何一眼看到整个地图，包括其中所有的小桥、村子、城镇呢？我不能坐上飞机去看——真我就是由思想发明出的飞机。

你走过来告诉我："看，如果你想要通过其中一个片段来回答存在的所有问题，你只会造成更大的混乱。"你对我说："因此，要看全部。"说完你就消失了。去找到答案是我的工作。我要从何入手呢？我不知道这个全然的洞察是什么。我看到了你所言之中的美、逻辑和理性。但我要如何继续呢？

阿：这一切之中有一股巨大的强度和激情，因为我觉得那是一座悬崖。在这一刻，它就是全部了。

克：你面对着这个问题：这个婴儿就被放在你的膝盖上。你将怎么做呢？你必须回答。是什么阻碍了全然的洞察？

阿：从智力层面看，我意识到我无法看到事情的整体。

克：先把它放到一边。是什么阻碍了对这广阔复杂的存在的全然洞察？你有答案吗？找出答案来。（停顿）看，当我进入一间房屋，映入眼帘的是一件物品———一条可爱的床单，我只是漫不经心地看了看房间里的其他事物。那条床单的颜色和图案很美，令我非常快乐。这里面发生了什么？眼睛在整个空间里捕捉到一件事物。是什么阻碍我看到其他事物呢？是什么使得其他事物变得朦胧而遥远？

拉：观察者。

克：慢点。一件事物是美丽的，而我对其他所有事情的观察都是模糊的。我捕捉到一件事物，而其他的事物都从我眼中消退了。为什么那一件事物变得如此的重要？或者为什么观察只聚焦在它身上？为什么眼睛只受到它的吸引了？

拉：因为它令人快乐。

（二）思想使能量变得支离破碎

克：快乐的要素是什么意思——在整个领域中只有一件事情吸引我吗？它意味着我把这个领域解读成快乐。在存在的广阔领域内，我所寻觅的就是维持快乐。

阿：对大多数人而言，生活是痛苦的。

克：它是痛苦的，因为我们依照快乐来思考。快乐的原则正是阻碍我看到整体的根本原因，依照快乐或者对快乐的渴求，我来看生命的整个领域以及它全部的复杂性。是那阻碍了全然洞察吗？

阿：商羯罗说对痛苦的恐惧是灌木丛中的荆棘。

拉：这很复杂。这儿有一个片段，然后我们的注意力就都倾注于它。付出注意力的是一个片段，想要从中得到快乐的也是一个片段。

克：我们谈过所有这些。

拉：因此，快乐是片段。

克：不，不。我想通过每一件事物得到快乐：金钱、性、地位、名望、上帝、美德、思想。我一生都想得到快乐。我不认为快乐是荆棘。我不那样看。受快乐的驱使，我制造了一个能够带给我快乐的社会。那个社会的道德准则总是以快乐为基础的。快乐是生活中的指导因素——我的感知由它引导。如果是这样的话，我如何能够看到快乐带来的整个领域呢？

什么是快乐的突出要素？它永远是属于个人的；我的快乐不是你的。我也许在集体中工作，为了更伟大的快乐而牺牲自己的快乐，但是它仍然是快乐。快乐总是个人的。当生命已成为一个快乐的运动，头脑怎么能看到存在的整个领域呢？

阿：快乐对每件事情赋予意义。

克：看到全部，而不仅仅是局部，这很重要。只要头脑在追求作为"我"的快乐，局部就是存在的。那么我们怎样能够看到全部呢？

一定要有对快乐的了解；我一定要了解快乐，而不是压抑它、否定它或者用智力把它切断。

阿：它无法被切断。

克：宗教所宣扬的和人们所做的事情都是在切断快乐。圣人们经历过的折磨——火烧、砍掉肢体，那是传统的方式。

因此，我看到了最根本的事实，即在生命中当一件事情变得至关重要的时候，我就无法看到全部。所以问题就产生了：为什么要追求快乐呢？专家们对此怎么说？

阿：他们说每种快乐都会导致痛苦；专注于快乐或专注于痛苦是同样的事情。

克：为什么人类不惜一切代价去追求快乐？

阿：因为我们的生理需求根深蒂固。

克：那没有什么错——我们需要吃干净的食物，睡在干净的地板上。那又有什么错呢？但是看看发生了什么。当你说"我明天必须拥有这一切"的时候，今天的生理需求就变成了明天的快乐。当思维参与进来，这就会发生。因此是思维而不是快乐成为人们必须理解的一个因素。

阿：我们已经看到快乐被转化成思想。

克：现在你明白了。那么，在你做任何与快乐有关的事情之前，先理解思维。

阿：快乐这种思维运动需要被理解。

克：不，是思维本身在维持这个运动。人们总是存在这样的考虑：我将如何处理思维呢？我要如何停止对食色的思念？如何做呢？那就是他们所做的：如果你看到一个女人，把她想象成一个姐妹，或者一个母亲，或者一个生病的女人。真是不可救药的一群人！

阿：我们由能量开始。现在，它变得支离破碎。

克：本质上，思想是分裂的制造者。传统说过要抑制思想。去行动，然后就把那个行动忘记，不要将它背负下去。

1971 年 1 月 14 日

十九　自由与区域

（一）思想所寻求的自由是不存在的

阿： 你说脑细胞本身被过去——生理上的过去和历史上的过去——所局限；你还说脑细胞的结构会改变。我们可以谈谈这个问题吗？脑细胞看起来有它们自己的活动。

克： 今天早晨，我正要问，专家们是否已经谈论过脑细胞的问题？

拉： 那些印度哲学家们没有提到过脑细胞。

克： 为什么呢？是因为他们谈论头脑的时候就已经包括脑细胞了吗？

阿： 他们说头脑是关键。他们没有进一步去讨论。

克： 一切都是由脑细胞记录的。每一件事，每一个印象都刻在大脑中；人可以去观察存在于自己大脑中数量繁多的各种印象。你问的是要如何才能够超越，让脑细胞安静下来吗？

阿： 通常你会认为大脑是智力的一种工具。

克： 但是，智力难道不是大脑的工具而不是相反的吗？

阿： 它是吗？

克： 让我们探究一下。推论、比较、权衡、判断、理解、探究、辩护和行动的能力都是记忆的一部分。智力清晰地表达想法，行为从那里诞生。

阿：唯物主义的观点认为，思想与大脑的关系就如同胆汁和肝脏的关系，现象的显现是非现象运动的结果。传统主义者认为，在死亡的时候，大脑完全停止，但是完全停止的大脑以一种微妙的方式留下了残存物。

克：留下一种思想？

阿：残留物与死去的大脑是相独立存在的。因此，它制造了另一个焦点。从它的活动中，某种新事物产生了。

克：脑细胞是记忆的储藏室。记忆的反应是思想。思想能与记忆相独立。就如同扔一块石头，石头与扔它的手之间是独立的。那思想是否化身显现是另一件事。

阿：我有一杯水。我把水注入水桶然后又重新倒出。那不是我先前注入的水。它比我先前注入的要丰富。

克：这相当简单。你想要说什么？

拉：脑细胞和它们的活动不是这一切错误运动的根源。

阿：你把我们带到了行动这个问题。现在，我们时时刻刻身处活动中。在与你的讨论中，我们看到活动导致伤害。看到这一点就是行动的开始。我们要在脑细胞层面或者在触发大脑活动的残留物层面去理解它吗？

拉：传统的描述是：我用手吃东西。手上有食物的味道。我洗手，气味留下来。因此，生命中的经历也留下了残留的印象。身体死亡了，但是某种经验的气味保留下来，寻找更多的经历。

阿：你说智力本身是大脑活动的结果。但是通过智力，我看到过去的积累，即记忆对我产生的影响。即使智力看到这些，脑细胞的活动仍在继续着。

克：你是想要说脑细胞总是在接收信息吗？它们总是在记录着，无论在沉睡还是清醒的状态？记录是一种独立的运动。这独立的运动产生了思维和推理的能力。智力能够观察思维的运动，它能观察思维是如何制造自己的。那同样是脑细胞整个结构的一部分。问题是什么？

阿：脑细胞结构要如何改变呢？

克：那是完全不同的一件事。脑细胞总是在记录——感知、图案、色彩，每一件事都被记录。一个要素假定自己有巨大的重要性。然后，随时在接收印象的脑细胞，就有意识地或者无意识地去构建思维和合理化的能力。这种合理化的工具就是智力。两者是不可分的。

阿：没有智力，还存在合理化吗？

克：合理化的能力与脑细胞是独立的吗？或者，作为大脑的一部分，它可以独立吗？你不能独立地进行合理化，因为脑细胞和智力是因果的一部分。

智力能够观察记忆的背景，即大脑吗？我相信，现代科学家正尝试隔离出包含记忆的细胞并且去探索这些细胞，在显微镜下去探究它们。

如果智力是大脑的产物，那么智力一定总是被记忆和知识所制约。它可以有远大计划，但是它依旧是被束缚的。智力可以寻求自由，但它永远也找不到自由。它只有在被束缚的这个半径区域内是自由的，它本身是被局限的。自由一定超越了智力的能力，一定在这个区域之外。

那么，是什么了解到智力永远不能获得自由这个整体的现象呢？它可以认为它是自由的，也可以去投射一个想法，但这并不是自由，因为它是记忆的残留，是脑细胞的产物。是什么察觉到智力无法超越它自己半径的范围呢？不知道你是否理解这个问题。

　　阿：是智力本身察觉到的。

　　克：我不知道。我在问。

　　拉：智力是片段。

　　克：在这个区域内没有自由。因此，智力说自由一定在这个区域之外。它依旧在进行合理化，因此它向外的探索依旧在这个区域内。那么是什么觉察到整个领域呢？那觉察还是合理化吗？

　　阿：不是。

　　克：那种记录制造了被你称作"智力"的工具；它有能力调查、探索和评判。智力看到在这个区域内不可能存在自由，自由在外面。因此它向自身以外寻求自由，它以为自己转移到了它自己的区域之外。

　　阿：佛教徒说这种伴随着原因而形成的过程，也有终点（即对它的洞察便是终止）。他们坚称：要看到任何事物都不是永恒的，要看到转世重生的想法是对自我真实本质无知的产物，要坚持不带任何执着地去观察这一切，做到这三点即是对尽头的觉知。人要做的全部事情，就是完全不带有执着地去思考任何有因之物的非永恒。佛陀自己只看到了一次疾病、衰老和死亡。只见过一次，他就再也没有回头。男孩克里希那穆提也再没有回头。佛陀说，看到一切的非永恒，在这种看到中根本不存在努力。克里希那穆提只说"看"。

克：那么问题是什么？这些有着各自的能力和运动的记录工具怎样才能停下来并进入一个不同的空间，即使只是在一段很短的时间里？你不能再回到《奥义书》[①]（*Upanisads*）中。那里有权威。

阿：我们已经知道，智力认识到无论它怎么做，都是在这个区域中，接下来又将发生什么呢？

克：你看，一个人走到尽头就停止了，但是另一个人在尽头却说我想要更多；因此就引入了真我。

阿：佛教徒说不存在灵魂。腐烂的东西会终结，它会结束。不要有执着。那就是你能够做的事情。那个尽头通向空虚、"空无"。

拉：吠檀多学者也同样这么说。

阿：他们发明了"幻觉"这个概念支撑起他们的全部论证。

克："空无"和"幻觉"，两者之间没什么区别。智力说，它自身的运动在这个区域内。还存在其他的运动吗？它没有说存在或不存在。它不能论证，因为如果它说存在的话，它就回到了同样的区域中——不管是肯定还是否定。

那么问题是：除了这种运动之外，还有其他运动吗？否则的话，自由就不存在。在由中心延伸到半径的区域内运作的事物，无论在多么宽广的区域内运作，始终都不是自由的。（停顿）什么是自由？

阿：当智力问是否存在其他运动的时候，我不知道是否存在。

克：我知道这是一座牢笼，我不知道什么是自由。

[①]　印度古代哲学典籍，最早出现于公元前 9 世纪左右。

阿： 你解开了一个困惑，即：一切都是"幻觉"。传统把这当作一个结论。

克： 我的问题是，究竟是否存在自由？传统会说：是的，存在自由。此说太不成熟了。

阿： 面对这个问题，我现在完全没有任何应对它的工具。

克： 不，你有分析的工具——智力。我在问，这个质询正确吗？如果这个区域中没有自由，那什么是自由？

（二）"不知道"便是真自由

阿： 智力永远不会知道。

克： 不要说它无法知道。智力只能够在这个区域内了解自由，就像人在牢笼中了解自由一样。然后智力问：什么是自由？如果这不是自由，那么什么才是自由？究竟是否存在自由这样的事物？如果没有这样的自由，让我们把这里做到最好，既然人永远都无法自由，那么让我们把监牢的内部弄得尽量完美——更多的盥洗室，更多的挂钩，更多的房间。

但智力不相信没有自由，因为它不相信没有走出监牢的路。聪明的大脑发明了幻想、真我、梵。

现在，我要问自己，如果没有自由，头脑将被永远囚禁于这个区域内吗？这究竟有什么意义？共产主义者、唯物主义者说你无法走出这个区域。（停顿）

我明白了：我不关心脑细胞是否改变。我看到这种对自由的关心，既非程式也非结论的自由，并不是自由。是这样吗？

于是头脑说，如果这不是自由，那么自由又是什么？它又一次说：我不知道。但是，头脑看到那不知道中存在对知道的渴望。当我说我不知道何为自由的时候，就存在等待和去找出答案的期望。头脑这么说并不意味着它真的不知道，而是在等待有什么事情发生。我看到这一点，并且抛弃它。（停顿）

因此，我真的不知道，我没有在等待，我不寄希望于答案会从某个外部组织产生。我没有期望任何事情。它在那儿，那就是线索。我知道那里没有自由。改革是有的，但是没有自由。改革永远无法带来自由。

人抗拒"他永远都不能自由，他注定要生活在这个世界上"的观点。不是智力在反抗，而是整个有机体和知觉在反抗。对吗？因此他说：既然这不是自由，我真的不知道何为自由。我真的不知道。

这种"不知道"便是自由。"知道"是牢笼。这在逻辑上是正确的。我不知道明天将要发生什么。因此我摆脱了过去，我摆脱了这个区域。对这个区域的认识是牢笼，对这个区域缺乏认识也是牢笼。因此，生活在"不知道"状态下的头脑是自由的。

当传统主义者说"不要执着"的时候，他们就错了。你看，他们否定一切关系。他们无法解决关系的问题，因此就与所有的关系分裂并退回到与世隔绝中。活在对这个区域的知识中就是牢笼。不去了解牢笼也不是自由。因此，生活在已知中的头脑，总是在牢笼中。就是那样了。头脑能够说"我不知道"吗？那意味着昨天已经结束。知识的延续就是牢笼。

阿： *要追求它的话，得冷酷无情才行。*

克：不要用"冷酷无情"这样的词。相反，那需要极大的细致周到。当我说"我不知道"的时候，我确实不知道。到此结束。看看那意味着什么。那意味着真正的谦卑、朴素。就这样，昨天结束了。结束了昨天的人才能真正重新开始。因此，他必然是简朴的。"我真的不知道"，这是多么令人惊奇的事情啊！我不知道我明天是否会死去。因此在任何时候都没有任何结论，也就是说，永远没有任何负担。负担就是知道。

阿：人能够理解这一点并且停留在这一点上吗？

克：你不需要停留在任何地方。

阿：头脑有回头的办法。而文字只能把你带到一个点上。

克：慢慢来。不要那么说。你看到谈论超脱的人和发明真我的人。我走过来说："看啊，两者都是错的。在这个区域中没有自由。"然后你问："究竟是否存在自由呢？"我说："我真的不知道。"那并不意味着我已经忘记了过去。在"我不知道"中，不包含过去的内容，或者对过去的遗弃，或者对过去的利用。它所说的全部就是："在过去中不存在自由。"过去是知识，过去是积累，过去是智力——在这些之中都没有自由。当一个人说："对于究竟是否存在自由这个问题，我真的不知道。"——这个人就已从已知中解脱了。

拉：但是，脑细胞的结构依然没变。

克：它们变得非常灵活。灵活的脑细胞可以拒绝和接受；这里存在着运动。

（三）生活的关系每天都可以充满爱的新意

阿： 我们永远无法抛弃活动。正常的日复一日的活动必须继续进行。

克： 你问的是对于不知道的人而言，行动是什么呢？知道的人通过他拥有的知识来行动，因此他的行为在已知的牢笼之内。他把那个区域投射到未来。那么，对于不知道的另一个人而言行动是什么呢？他甚至不问，因为他在行动。他在下午会用餐，晚上会去散步；除此之外，其余的行动对这样的一个人而言是完全的不行动。

你忽略了一些东西，那就是，不知道是否存在明天。你看，政治活动家是坚定的、投入的；他的行为总是有害的。在已知的区域中关系的行为是执着——超脱、主宰——从属。生命就是关系。专家们谈论过关系吗？

拉： 没有。

克： 对他们而言，关系意味着执着，因此，他们说：要超脱。那也许正是印度人对超脱的信仰把头脑变得如此重复和愚蠢的原因。但是人需要活在这个世界上。即使在喜马拉雅山上，我也需要食物，人们带给我食物，而那就是关系。

阿： 佛陀在他第一次布道时说执着和超脱都是可耻的。两者都代表了出世的印度观点。

克： 为什么他们不考虑关系呢？当僧人弃世修行时，他也不能否认关系。他也许不和女人同床共枕，但是他不能否认关系。我问自己：如果我否认关系，行动不就变得毫无意义了吗？什么是没有关系的行动？

它是一种机械的事物吗？

阿：行动是关系。

克：关系是最重要的事情。否则还存在什么呢？如果我的父亲不和我母亲同床共枕的话，那我就不存在。因此，关系是生命最基础的运动。在知识领域中的关系是致命的、破坏性的、腐败的。那就是世俗。

那么，什么是行动？我们已经把行动和关系分开了，比如社会行为、政治行为，但是还没有解决关系的问题。我们放弃它是因为讨论关系太危险了，我和我的妻子谈论我的关系，也许会发生数不清的事情。因此我不想谈论它。我所要说的就是我必须超脱。

如果我们接受"一切生命都是关系"的观点，那么行动是什么？有一种科技的机械行为，机械地行动就是把关系简单地理解成车轮的转动。那就是我们否定爱的原因。

阿：我们能否来探究一下我们与自然的关系？

克：我和自然之间是什么关系呢，和鸟、天空、树、花、流水之间是什么关系？那就是我的生活。我们在探讨与每一件事物的关系，不仅仅是男人和女人的关系。这一切都是生命的一部分。我谈的是与一切事物之间的关系。我或许执着于词语，但是对流水不会执着。你看，我们混淆了词语和词语所指代的事物，因此我们看不到整体。

阿：这是一个重新唤醒敏感性的问题吗？

克：不。问题是什么是关系？与一切事物相关是什么意思？关系意味着关心；关心意味着关注；关注意味着爱。这就是为什么说关系是一切的基础。如果你不理解这一点，你就不理解全部。是的，先生，这是牢笼。"知道"是牢笼，生活在"知道"中也同样是牢笼。

1971 年 1 月 16 日

瑞希山谷
对话录

二十　传统模式

（一）知道问题并不能解决问题

芭：佛教中谈到世界上的三种人：有自己喜怒哀乐的世俗之人；路上的人，即看得见方向的人；还有阿罗汉^①（arhat）。世俗之人可能举行仪式，但是他依然是世俗之人，直到他有了体验，瞥见了方向。路上的人上路了但是总是返回来，直到再也无法回到最初的阶段。

克：瞥见道路的世俗之人——他是如何看到的呢？一旦他走上这条路，他可能前后徘徊，兜兜转转，最终稳定下来，达到阿罗汉的境界。你是问世俗之人要如何瞥见方向吗？

C^②：有一个"修炼"的概念，它是指一种达到灵性目标的方式。

克：方法或体系意味着时间的过程。

C：它可能不一定暗示着时间。

克：如果你必须穿过一扇门去达成目标，那么穿越这扇门意味着时间的过程。所有的"修炼"都意味着时间的过程。

C：传统也认为"修炼"是无用的。

克：大多数人坚持修炼。尽管他们说它不是必需的，但它已经成

---

① 佛教中指脱离生死轮回达到涅槃的圣者。

② 英文版未说明 C 的身份。

为传统的一部分。

芭：他们说你最好通过修炼，但是并不保证你通过修炼就可以实现目标。

克：修炼一词意味着过程，过程就是把事物聚集到一起，聚集到一起意味着时间。就连最科学的时间概念也承认，时间就是在水平或垂直的位置上聚集事物。因此修炼意味着时间。那么，问题是什么呢，先生？传统对此如何解答？

芭：佛教传统认为当悲伤的人瞥见道路的时候，他就是路上的人了。当他得到救赎，就会变成一名阿罗汉。

C：他们说当你进入了非二元的状态，就不会走回头路。

克：你如何到达那里？

C：因为那不是一个过程，因此他们不会说你是如何达到的。他们以否定的方式来说：你不能通过学习、听别人讲、仪式或修炼来实现。

克：这是二元性的问题吗？生活在这个世界上意味着二元性，然后偶尔瞥见了非二元状态，又再次回到二元状态。

C：他们说现实中根本不存在二元性，是智力制造了二元性。一旦你意识到非二元性，那么就不存在世俗混入的问题。

克：如同他们一样生活在二元性中，对仪式的否定能否把人带到非二元的状态中？传统认为存在一个根本没有二元性的层面吗？它认为陷于二元状态的头脑能够通过否定信仰、仪式等而到达"另一个"吗？

我们能否以一种简单的方式来考虑这个问题？人类生活在一种存在悲伤、痛苦、矛盾等等的二元状态里。人会问他要如何才能脱离它。非二元的状态仅仅是一个理论，是二手的信息，人可能读过关于非二元性的文章但是并不了解它。因此它没有价值。不要管别人说什么。我只知道这种存在悲伤和痛苦的状态。那是事实。我就是从那里开始的。

C：一些有矛盾和痛苦的人意识到二元状态是所有问题的起因。因此他们想要去除它。一些人不从这里开始，但是他们感觉到不满意，并且在读过书之后，开始想象非二元的状态。

克：那是一个理论。事实是一回事，关于事实的想法是另一回事。我们不关心那些只提供专家的结论的人。我们只讨论处于冲突中并且对冲突不满的人。他如何才能从冲突中解脱？

C：传统的方式是通过书本来探索，人们通过否定来获得，通过知识来解决。

克：一步一步地来。我处于冲突之中，现在，我要怎样解决呢？你说通过知识，什么是知识？

C：意识到冲突就是知识。

克：我不需要意识到它，我就处于冲突中。我知道自己处于冲突、痛苦和悲伤中。你所说的"知识"和"冲突"是什么意思？知道我处于冲突中，那就是知识了吗？或者你把知道我该如何应付冲突叫作知识吗？当你使用"知识"这个词的时候，是什么意思呢？梵文中与它对应的词是什么？

C：是"Jñāna"。

克：它是什么意思？是关于什么的知识？它是关于冲突原因的知识吗？

C："Jñāna"也可以指冲突的本质以及它是如何产生的。

克：它是如何产生和运作的？它的本质和结构是什么？了解原因就是了解痛苦的结构和本质。你称那为知识吗？

C：先生，"Jñāna"被划分为关于现象世界的知识和非现象世界的知识。

克：你所说的冲突是什么意思？

C：冲突是二元性。

克：我们知道了"知识"一词的含义。"冲突"一词是什么意思？

C："相违"（Dvandva）是指两者之间的冲突——冷与热、开心与痛苦、快乐与悲伤的冲突。

克：让我们继续。我处于冲突中——我想要出去，我也想要留在这里；我不快乐，我想要做一些让自己快乐的事情。我通过看到冲突的原因、本质和结构获得关于它的知识。对冲突的原因、本质和结构的理解是知识。然而知道这一点，掌握这个知识，就能够把头脑从冲突中解放出来吗？

你是说知识能够把头脑从冲突中解放出来吗？现在，因为我的妻子看着其他的男人，或者你拥有一份比我好的工作，我知道自己忌妒了。我知道自己为什么忌妒。我知道忌妒的本质和结构，即：我想要处于你的位置上，我想要我的妻子不再看你。我知道原因和结果，对它的反应是我忌妒了。我像工程师一样看清了它全部的构造，这个知识就能让我从忌妒中解脱吗？显然不能。

C：能解决冲突的知识是没有二元性的知识。

克：你是如何知道的呢——因为其他人这样说过吗？

C：通过观察忌妒为什么产生，我才知道的。我为什么忌妒呢？

克：那是分析。分析能够把头脑从冲突中解放吗？

C：光有分析是不行的。

克：知识是分析的结果。我分析。我知道我为什么忌妒。我和妻子生气了，她离开了我。这样的知识能把我从失去她而独自生活的恐惧中解放出来吗？

C：忌妒的感情确实结束了。

克：你建议如何结束忌妒呢？我一直分析自己直到我厌烦为止，可下一分钟我又忌妒了。

C：那意味着通过分析你没有结束忌妒。

克：分析是知识的一部分。因为分析，我积累了知识。我感到忌妒是因为我想要把我的妻子占为己有。意识到这一点就是知识；我想要占有她，因为我害怕一个人生活——这是知识的一部分。你说通过分析能够积累知识，那知识会把你从忌妒中解放出来。是吗？

C：不，先生。我可以分析我的忌妒；我也可以说：如果我的妻子为了另一个男人而离开了我，又有什么关系呢？那完全取决于个人的反应。

克：那全部都是推理。推理是分析的一部分。一切知识都是智力上的。知识不会让你自由。

C：知识（Jñāna）不是一种智力的过程。智力的过程以思想（manas）和智力（buddhi）结束。

克： 那么你是说有另一种因素超越智力和知识。分析和通过分析积累知识是一种知识，还存在另外一种超越它的因素。

C： 一种使智力能够看和区别的因素。

芭： 那么获得的知识怎样了呢？让我们迈出第一步。

克： 那条路我走过许多遍，我获得了知识。我经常看到那个人，并且跟他说话，他时而友好，时而不友好。我通过经验、分析、事件和信息积累了知识。

C： 是什么使得知识变得可能？是什么使得经验变得可能？

克： 只有当存在经历者的时候，经验才是可能的。你说了一些我不喜欢的话，我受伤了。那是一次经验，然后经验变成知识。知识会结束冲突吗？

C： 不会。

克： 那么什么会结束冲突呢？他们认为意识到经历者存在的这个实体积累了能够结束冲突的知识吗？如果是这样的话，那就有一个更高级的实体。

C： 存在一个原则，通过这个原则使这些不同的个体经验变得可能。我如何知道我是那个经历者呢？

克： 因为我以前经历过。因为你以前伤害过我，所以我知道我是经历者。之前的知识使我成为经历者。

芭： 我看到日出，我感觉自己看到太阳的经历……

克： 看过一次日出，并且日复一日地看日出，那种知识的积累制造了经历者。

C：他们假定有一个没有经验的实体。

克：假定的实体是我从别人那里获得的另一个观点。这很简单很清晰。首先我明白，我知道自己处于冲突之中。我分析它。通过分析我知道自己忌妒，那很简单。分析、观察和看告诉了我关于忌妒的原因，这个信息是知识，而那种知识显然无法去除忌妒。那么什么可以去除它呢？不要发明另一个更高级的自我，我对所谓的"高我"一无所知。我只知道冲突、分析、知识，并且我看到知识不能去除冲突。

芭：一切经验的基础是什么？一切经验从何产生？那堆东西是什么？

克：它是经验的累积吗？那堆东西是聚集在一起的事物。那堆经验就是经验。地毯就是一堆横竖编织的布条。先生，你是问制造经验的线索是什么吗？还是问经验把模式留在什么物质上？

（二）"真我"并不可靠

C：传统主义者认为作为经验和记忆的集合的知识属于思想和智力的领域。是放射光芒的真我——高我（higher self）——使这一切成为可能。如果没有真我，思想就无法运作。

克：经验在什么物质上留下了记号呢？存在这样的物质吗？很显然，这种物质就是大脑。脑细胞是物质，在这种物质上面，每一件事情、每一次经历都自觉不自觉地留下了一个记号。大脑每时每刻都在接收信息。我看到鲜花，它已经在大脑中记录过了；我看到你，这也已经被记录过了。大脑在不停地记录。它就在那里。种族的遗传、个人的遗传，这一切都在大脑上留下了记号。

芭： 头脑是能量。

克： 头脑的记录是能量的一部分。全部的事情都是能量。头脑是一切记录的储藏室——感官的和非感官的。那是已经记录了数个世纪的录像带。那是知识。如果你不知道你住在哪里，你就无法回家。因为你去过那里，你才知道路怎么走。

知识并不一定可以把头脑从冲突中解放出来。我们看到了那一点。那么如果没有引入我所获得的传统知识的一部分——真我的话，那什么才能够解放头脑呢？尽管我称它为真我，但它依然处在同一知识领域。

C： 真我是如何进入知识领域内的呢？

克： 除非我想到它，否则就不存在真我。

C： 想到它并不等于实现它。它不在思想能理解的范围内。

克： 考虑某事依旧在思想的领域内。一个思考真我的人依旧在思想的领域内。

C： 谈论真我的人从来不思考，他已经实现了它。他们引用的唯一论述是：当你熟睡之后醒来，你如何记得自己熟睡了？因为在熟睡中，大脑不工作。

克： 你怎么知道它什么时候不工作？脑细胞日夜不停地工作。只有当第二天清晨醒来，你才感觉到疲惫或者睡了一个好觉。它们都是大脑的功能。所以真我在思想的领域中。一定是这样的。否则，你不会用那个词语。我们说真我是头脑的一部分。因为思想通过思想不能解决问题，于是它就说一定存在真我。

C：但是他们说真我在经验之外。

芭：请解释一下经验这个物质。

克：我看到鲜花，我为它命名。这个名字、形状和言语表达就是记忆。因为头脑以前见过它，所以它说：那是一朵鲜花。

芭：如果我闭上眼睛，还会是这样的情况吗？

克：当然，闭上眼睛，捂住耳朵，你依然能够思考。对上帝的思考存在于思想的领域内。对于根本不思考的人来说，上帝就不存在。古代人思考一些超然的事物，寻求更加伟大的事物，把它看作上帝。那是思考的产物。因此，那在知识的领域中。

C：在《奥义书》中并没有过多地提到神。在他们的认知里，神和梵（宇宙精神）是等同的。

克：一个非印度教徒走过来说神就是基督。以你的文化背景，你认为神是真我。区别是什么呢？他在他的文化中成长，而你有你的文化。

C：我们两者都探讨。神是个人的，而真我不是个人的。

克：他们都是思想的产物。看，头脑变得多么具有欺骗性，咬文嚼字。我积累关于痛苦的知识，而痛苦不会结束。因为不知道如何结束痛苦，思想就说一定存在某个其他的因素。它思考这个问题。因此，它引入了"真我"。否则真我也就不会存在。但是真我也没有结束痛苦，因为它是知识的一部分。关于痛苦的知识没有结束痛苦。

C：但是他们自己也说思想不能解决问题。

克：但是真我是思想的产物。

C：真我被圣人们体验过。那是他们的个人经验。

克：当他们说他们体验过真我，那是什么意思呢？

C：他们说真我无法被描述。

克：它当然不能，但是那是思想的一部分。

C：对他们而言，那不是思想的一部分。他们实现了它。

克：我要如何实现任何事情？我必须认出它，不是吗？我认出的是什么呢？

C：认知意味着不带有思维过程地去看待一件事物。

克：我认出了你，因为我昨天看到了你。若不是这样，我就不认识你。

C：那不是你认出梵的过程。

克：简单些。让我们按逻辑来说。认知新事物的过程是什么？要认出一朵花、黄色的花朵，我以前一定已经知道了它。因此认知意味着知识。要认出真我，我必须已经知道了它。因此，它处于经验的领域中。因此当他们说你不能"体验"真我的时候，他们是什么意思？

事实是我痛苦；然后我说"我想要结束痛苦"。为什么我要引入真我呢？它根本没有任何价值。这就如同向一个挨饿的人描述食物一样。

C：我同意他们所说的事情没有帮助。

克：相反地，他们引入了没有帮助的因素从而破坏了头脑。

C：这可能吗？

克：看吧。我再也不谈论真我了，它什么都不是。那么，我要如何面对这种情况呢？头脑要如何解决悲伤的问题？不是通过真我去解决，那样太幼稚了。只有不通过知识，而通过不带有知识的观察，才能解决它。

C：这可能吗？

克：不要引入真我。尝试，试验它。你无法试验另一个，那就彻底抛开它吧。然后会发生什么？我如何去看痛苦——带有知识还是不带有知识？我用被过去之物所填满的双眼来看待它并以过去的角度来解读所有事物吗？

芭：我们无法把过去当作使自己从痛苦中解脱的一种方式。

（三）回到无的观察

克：当你说你看到了痛苦是什么的时候，你就与痛苦直接建立了关系，不是作为观察者去观察痛苦。我不带有任何形象地去观察痛苦。形象是过去。来自过去的形象可能是真我。它当然是。探究一下，就像在实验室做实验一样探究形象。你可以用同一种方式来探究它。我看到的真我是思想的一部分。思想中根本不存在探索，而这里存在探索。我用过去的经历看待这种悲伤。我过去的经历把过去与现在分割开来。这就产生了二元性。现在是悲伤，我通过过去来看现在，并以过去的方式来解读现在。如果头脑不从过去的角度看待它的话，那么它就会有一种截然不同的含义。所以，我必须探索它。头脑能够不带有过去的记忆来观察吗？我能够不带有过去的知识来看那朵花吗？试一试，你可以做也可以不做。

1970 年 1 月 21 日

二十一 上师、传统和自由

（一）权威的、强迫的、破坏性的关系阻碍了真正的思考

克：我们是否可以把传统的整个领域和我们所谈论的事情联系起来，比较它们的分歧、矛盾和相似点，并同时看看我们谈论的事情中是否有任何新的内容？让我们来探讨这个问题，反复地质疑它。

阿：让我们从传统的人生四大意义（生活的目标）出发：法（责任）、利（物质财富）、爱（爱欲，快乐）和解脱（自由）。生命具有这些方面，每一方面对于获得领悟都起到至关重要的作用，这是事实，而探讨生活的传统方法正是从这个事实起步的。

克：我们难道不应该从它的内涵开始吗？

阿：传统主义者正是从这四个作为内涵的方面开始的。

克：我们难道不该探询人类的存在、人类的悲伤与冲突意味着什么吗？专家们怎样回答这个问题？

斯[①]：我们发现，在传统中，存在两个清晰的方向：遵循对事实的言语阐释的正统方向以及脱离正统的方向——如达塔特瑞亚[②]

---

① 斯瓦米·桑达拉姆（Swami Sundaram），以下简称"斯"。
② 印度教中认为达塔特瑞亚神是梵神、毗湿奴和湿婆神三神一体的化身。

（*Dattātreya*）和《婆吒瑜伽》[1]（*Yoga-Vaśiṣṭha*）所说的。打破正统的先知说"没有上师"，"我们已经自己发现了它"，"我不会通过《吠陀经》[2]立誓"，"整个自然、整个世界就是我的上师"，"观察并且理解世界"。佛陀的教诲中也同样存在对正统的脱离。他的教诲代表了脱离模式的核心。而那些脱离（正统模式）的人却与生命紧密相连。

如果你读《婆吒瑜伽》，书中讲到头脑中充满着思想和冲突；因为欲望和恐惧，这些冲突才会发生；除非你能够解决它们，否则你不会领悟。它谈论的是否定的思维。马克斯·缪勒[3]和其他一些人误解了"灭谛"（*nirodha*）这个词，它不代表抑制，而意味着否定。

关于上师，书中也谈到了很多。《婆吒瑜伽》说启蒙传授和其他诸如此类的行为都是毫无意义的。弟子的觉醒存在于正确的理解和觉察中。只有那些是主要起作用的事实。这些要素是脱离正统模式的传统的核心。

拉：然而在《婆吒瑜伽》中也多处提到：没有上师，你无法发现任何事情。

阿：从什么中脱离？如果它是从社会体系中脱离，那么脱离的传统也会继续社会体系。

斯：对于领悟的问题，正统模式是通过一种正式的言语途径去探寻。但在脱离正统模式的传统中则不是这样。这种脱离不是从社会中脱

---

[1] 婆吒是古印度一位著名的先知，是婆罗门尊贵和权力的典型代表。

[2] 是印度教的著名经典。在印度传统中，有关宇宙的神秘知识称为吠陀，印度那些记述了吠陀知识精华的圣书，都称为《吠陀经》。《吠陀经》中包含了戏剧、历史、哲学、以及有关礼仪的简单课程、军事礼节的介绍和乐器的用法。

[3] 马克斯·缪勒（1823—1900），德裔英国东方学家、宗教学家，尤擅佛学。他对印度宗教、神话、哲学、语言等都有广博而深湛的研究。

离。两种传统都存在。在修道院里，他们谈论《吠陀经》，但是他们所说的与人生无关，而其他人则把他们所有的理解联系到人生。但是无论说什么都与社会无关。

拉：这种上师传统是如何变得如此重要的？

克：我们可以讨论上师的问题吗？我们可以从那儿开始吗？"上师"这个词是什么意思？

斯：正确的词是"导师"（Desika），不是上师。"导师"的意思是"帮助唤醒弟子的人""帮助探索者理解的人"。这个词指的是学习的人。

拉：弟子被称作"sisya"，"sisya"是指能够学习的人。

斯：上师意味着"广博、超越、伟大"。

克：如果上师是伟大、超越、深奥的人，那么他和弟子之间是什么关系呢？

斯：在《奥义书》中，有一种解释是爱和慈悲。书中认为慈悲是上师和弟子之间的纽带。

克：传统如何变成权威了呢？戒律感以及对上师之言的遵从与接受是如何被引入关系中的呢？权威的、强迫的、破坏性的关系阻碍了真正的思考，它破坏创造性。这种关系是如何形成的？

斯：这很难讲。这两种途径一定已经存在了很长时间。在一种传统中，上师被当作是朋友，当作弟子们喜爱的人；在这种情况下，上师根本不是权威。另一种传统则是剥削。它渴望权威和追随者。

阿：斯瓦米吉①的主要观点是人群是有区别的，有局外者和遵从者。非遵从者是抛弃社会的人；他在社会之外。

拉：我们重新回到你的第一个问题——这一切是关于什么的？抛开上师的答案，生命的根本答案是什么？

（二）克里希那穆提是如何感悟的

克：我想知道我们能否找到答案。你可以深入挖掘吗？你可以深入探究出我身上的每一件事情吗？你明白我的意思吗？你来到一口井边，你根据水桶的大小来汲水；无论你用什么容器盛装，你得到水的总量就是那些。你阅读了大量的古典文献，你修行过，你读过我们所谈到的事情。你被传统视角全副武装，你知道世界上发生了什么。现在，你和我相遇。尽你所能地深入挖掘我。从头到尾，问我每件事情。作为遵从者、非遵从者、上师、非上师、弟子、非弟子一样深入地询问我。就像一个口渴难耐的人走到井边，想要把所有东西都找出来。那样做吧，先生。我想那是有益的。

斯：那么我可以完全自由吗？

克：打碎所有的窗户，因为我感觉智慧是无限的。它没有边界。因为它没有边界，所以它是完全非个人的。带着你所有的经历、知识以及对传统和也已成为传统的脱离模式的理解，带着你从自己的冥想和生活中所知、所理解的一切，你来到我面前。不要仅仅满足于几个字，而要深入挖掘。

---

① 在印度，"吉"加在名字后面，用作对人的尊称。

斯：我想要知道，你是如何自己感悟智慧的呢？

克：你想要知道这个人是怎样遭遇智慧的吗？我无法告诉你。你看，先生，他显然从未经历过任何练习、戒律、忌妒、羡慕、野心、竞争。权力、地位、声望、名誉，这些他都不想要。因此，从不存在任何放弃的问题。所以当我说我真的不知道时，我想那就是真实。大多数传统的老师经历过放弃、练习、牺牲、控制；他们静坐在树下并且感悟到澄明。

斯：在你的教诲中，敏感、了解、被动觉察是必须渗透人整个一生的要素。你是如何遭遇这一切的呢？

阿：你也许没有要放弃的事情，并因此没有戒律，没有修炼，但是对于那些有想要放弃的事情的人，又该怎么办呢？

克：我真的无法告诉你我是如何达到的。我想知道你为什么对此感兴趣？它有多么重要吗？

斯：是好奇心，是快乐。

克：让我们越过它吧。

斯：当你说觉察、关注、敏感时，人就充满了惊奇和欣赏。你是如何做到的呢？你是如何能够像这样地谈话呢？当我们分析你所说的话时，发现你的话是如此科学、合理并且充满了意义。

克：你知道那个男孩如何被挑选的故事；他出生在最正统的婆罗门家庭；他一生中没有被传统或者任何其他因素制约——比如作为一名印度教徒或神智学者。这些没有沾染到他。而我也不知道为什么没有沾染他。

阿：他问的这个问题可以换个说法。一个人生活在一个极度强调现象生活的环境之中，而没有被那样的生活所限制，这是如何发生的呢？

斯：克里希那穆提就是这样。他无法解释，但是他谈论并使用某些词语，它全部的逻辑就在那里；他是如何不凭借任何东西而达到这种境界的，听者对此深感惊奇。

克：像克里希那穆提这样的一个人，没有读过东西方的神圣经典，没有经历——放弃和牺牲的整个经历，他是怎样谈论这些事情的呢？我真的说不出，先生。

阿：你一分钟之前给出了答案，你说智慧不是个人的。

克：但是他问，如果不经历这一切，他是如何遭遇智慧的呢？

斯：我没有问他是如何遭遇的，但我从他的言谈中发现了说服力、理智和美。那就在他的心中。

克：当你说智慧之所以来临，是因为智慧就在他的心中，我不知道该怎么回答。它并非来自心里或者头脑中。它只是来临了。或者你会不会说，先生，对任何一个真正没有自我的人，它都会来临？

斯：完全正确。

克：我想这会是最合乎逻辑的答案。

斯：又或者是你看到了人类的痛苦之后，就获得了智慧？

克：不。要恰当地回答这个问题，需要考虑整个过程——那个男孩被选中了；他经历了各种事情——他被宣布为救世主，他被崇拜，他被给予数额巨大的财富，拥有众多的追随者。那一切都没有触及他。他放弃土地的馈赠就像接受时一样容易。他从来没有读过圣典、哲学、心理学，他从未练习过任何事情。他身上有从空无中演说的品质。

斯：是的。

克：你明白，先生，他所说的话从不来自任何积累。因此，当你提出这样的问题："你是如何讲出这些事情的呢？"那其实包含了一个更大的问题，即，智慧，或者你对智慧的任何代称，它能否被任何特定的意识所包含，或是超越所有特定的意识？

先生，看看这个山谷。山丘、树木、石头——整个山谷就是这样。没有山谷中的内容，就没有山谷。那么，如果意识中没有内容，那就不存在意识——从有限的意义上来讲是这样。当你问"他是如何讲出这些话的呢？"我真的不知道。但是这个问题可以回答：当它发生的时候，头脑完全是空的。这不代表你变成了一个媒介。

斯：我从中知道，无限是美、理性和逻辑。在它的表达中充满了对称性。

克：先生，我们说了那么多，你想要找到什么呢？你有能力，你读了大量的书籍，你有知识和经验，你曾修行并且冥想——从那里进行询问。

斯：意识是束缚。只有从空无出发，人才能够进入。

克：那么你问的是人要怎样才能清空头脑吗？

斯：有一种传统的关于"学习者"（*adhikāri*）的概念，即指具备学习能力的人。这种传统观点认为，人接受或学习的能力存在等级或差别。我们能够学习的东西也有赖于这种差别。存在三个等级。在正统的文献中，他们分别被称为"纯质学习者（*sattva*）""激质学习者（*rajas*）"和

"翳质学习者（*tamas*）"。属于第一类的纯质学习者，可以通过聆听老师的教诲而领悟。第二类激质学习者倾听教诲，而当他们面对生活中的问题时就需要回忆。第三类翳质学习者不能学习，因为他们的头脑太迟钝了。为了使头脑变得敏感，有许多不同的方法或瑜伽姿势（*upāsanās*）。瑜伽以呼吸控制、冥想和倒立为起点。即使那样，他们也认为练习瑜伽姿势是进行净化的一种方法。这种方法主张：保持被动，观察"现状"。

克：你说，像人类的构成一样，接受能力也存在各种层次和程度。对于那些仍然处于"要成为什么"的过程中的人来说，可能达到这一点吗？

斯：那是它的一部分。另一部分是，对大多数人而言，存在领悟的瞬间。但是这些瞬间转瞬即逝，而挣扎是持续的。这样的人要怎么办呢？

克：知道了这些层次，可能超越这些层次吗？

阿：那是一个时间的问题吗？

斯：我们能够超越这些层次吗，或者说存在着使我们得以超越这些层次的过程吗？

拉：传统认为必须经过一个漫长的时间过程。

斯：我不认同这一点。

拉：人必须有理解的能力。

阿：我说，我的人生是"要成为"的一生。当我走过来坐在你身边，你说时间是无关的。我说"是的"，因为这显而易见。但是我又回到了时间和努力的领域中来，而这些我认为自己理解了的事物，就这样溜走了。

克：问题非常明确。问题是：当我在倾听的时候，我好像明白了，而当我离开的时候，我的理解也消失了。另一个问题是，一个不聪明、不理智的人如何打破他的束缚并且获得领悟呢？对此你的答案是什么呢？

斯：我的答案以经验为基础，也是一个传统的答案，那就是：让这种人做某种类型的冥想，通过沉思，让大脑变得更加机警。

克：那就是，做某种训练、练习、呼吸，等等，直到头脑有能力理解。另一个人说当我听你讲话时，我理解了，但是理解很快就不见了。这是两个问题。首先，对一个没有能力的大脑来讲，它如何能够看？没有练习，没有时间的过程，这样的头脑如何能够看和理解？时间意味着过程，对吧？没有时间的话，这样的头脑如何能够领悟呢？

我的头脑迟钝。我的头脑不具备立即理解这件事的清晰。因此你告诉我要练习、呼吸、少食，你让我应用一切方法和体系来帮助自己的头脑变得敏锐清晰。那一切都涉及时间。当你允许时间参与进来时，就有其他的因素进入头脑。如果我想要从这里走到那里，要走过这段距离需要时间。走过这段距离时，途中有其他的因素参与进来，因此我永远都无法到达终点。在我到达那里之前，我看到了美丽的事物，并被吸引开了。我走的路不是一条别无选择的平坦通途，途中会遇到数不清的各种因素。这些偶遇、事件、印象将改变我行动的方向。而我想要理解的那件事情也不是固定的一个点。

阿：对于不固定的那一点应该进行探究。

克：我说我的头脑困惑、被扰乱，我不理解。你告诉我通过做这些事情来理解。这样一来，你就把理解设定为一个定点。然而它不是一个定点。

斯： 没错。它不是一个定点。

克： 显然。如果它是一个定点的话，我向它前进，其他的因素进入这个旅途中，这些因素将比终点更多地影响我。

阿： 终点是无知头脑的投射。

克： 那条路根本行不通。首先要看到这一点。领悟不是一个定点，它永远不可能成为一个定点，因此，我说那完全是错误的。然后，因为它行不通，我就否定了全部事情；我摒弃了一个巨大的领域——所有练习、冥想和知识。那么我剩下了什么？我剩下了一个事实，那就是我困惑、我迟钝。

那么，我是如何知道自己迟钝和困惑的呢？只有通过比较，因为我看到你非常敏锐，通过比较和衡量，我才说我迟钝。

我不做比较。我看到通过比较我做了些什么，我把自己降低到一种我称之为迟钝的状态，我发现这样也行不通。因此我拒绝比较。如果我不做比较的话，那我还迟钝吗？因此我拒绝这个体系——一个过程，一个固定的终点，你将这个固定的终点演化为一种通过时间获得觉悟的方式。我说比较不是方法；衡量意味着距离。

斯： 它是否意味着，这种理解根本不是一个与能力密切相关的因素？我们从能力开始。

克： 我听你讲，斯瓦米吉，但是我并不理解。我不知道我不理解的是什么，但是你把它展示给我——时间、过程、定点等。你把它展示给我，我否定它们。我的头脑发生了什么呢？就在拒绝、否定的时候，我的头脑变得不那么迟钝了。对错误的否定使得头脑清楚；对同样也是错误的比较的否定，使头脑敏锐。

那么，我剩下了什么呢？我知道只有当把我与你比较的时候我才变得迟钝。迟钝存在于我用所谓的聪明对自己进行的衡量中。因此我说，我将不去衡量。那么我还迟钝吗？我完全拒绝了比较，比较意味着遵从。我剩下了什么呢？我称之为迟钝的事物不再迟钝。它就是它的样子。在这一切结束后，我剩下了什么呢？我所剩下的就是，我不会再比较了。我将不再用比我强的人来衡量自己了，我不会走这条已经为我铺设好的路了。我拒绝别人强加给我的为了达到觉悟所做的所有安排。

因此，我在哪里呢？我从头开始。我对觉悟、理解、过程、比较和"成为"等等一无所知。我把它们抛到一边。我不知道。知识和传统都是让人受伤的工具和手段。我不想要那个工具，因此，我不受伤。我由完全纯真起步。纯真意味着不可能被伤害的头脑。

现在，我对自己说，为什么他们看不到不存在定点这个简单的事实呢？为什么？为什么他们在人的大脑中堆积这一切，以至于我不得不重重跋涉去穿过它们、进而抛弃它们呢？

这非常有趣，先生。如果我不得不抛弃它的话，我为什么还要经历这一切呢？为什么你不告诉我"不要比较，真理不是一个固定点"呢？

通过比较，我能在善良中绽放吗？能够通过时间和练习获得谦卑吗？显然不能。然而你又坚持练习。为什么？当你坚持练习，你认为你将到达固定的一个点。这样你骗了你自己，你也骗了我。

你没有对我说：你什么都不知道，我也什么都不知道，让我们弄清楚，人类强加于其他人类的所有事情是对还是错。你说觉悟是要通过时间、修持和上师来实现的事情。

让我们弄清楚为什么人们会强加给其他人某些错误的事情。人们折磨自己、责罚自己以获得觉悟，仿佛觉悟是一个固定的点。而他们最后以盲目告终。先生，我想那就是为什么那些所谓的犯错的人比那些想通过勤于练习达到真理的人更加接近真理。练习真理的人变得不纯洁，不纯贞。

1971 年 1 月 21 日

二十二 自由和牢笼

（一）在过去中寻找安全是危险的

克：今天早晨我们是否可以讨论"什么是观察"这个话题？暂不管传统主义者、专家们和评论家们对此怎么说吧。什么是观察？观察的行为是什么？它仅仅是智力过程，或者仅仅是视觉过程，还是两者的结合？头脑理解的比眼睛看到的更多。因此，当我们谈到观察时，指的是什么呢？它与一种智力的过程和言语的理解有关吗？眼睛是以线性或水平维度来进行观察的吗？

芭：你这里指的是作为感觉器官的眼睛？

克：是的。

斯：眼睛的观察，双眼的视觉感官知觉不是一致的吗？我们来到这个房间，我看到地毯的图案。很快地，我既看到又看不到。无论何时，肉眼都无法在一种统一的状态下去看。除了看的对象同"我看到"这个意识中的感官之间的联系之外，一定还存在其他因素。以这样的方式我第一次觉察到自己的漫不经心。

克：我还没有说到那一点。我没有在谈论关注或疏忽。我在尝试去理解观察的含义。我所知道的一切就是我看到了：我看到你坐在那里。那是一个感官知觉。感官知觉和思维的智力能力然后抓住了那个形象。

那就是我们通常所说的观察，不是吗？关注和疏忽又是从何而生的呢？

阿： 我看到一个物体。然后就有了对那个物体的感官印象，就有了对这个形象的记忆。当我看到另一件事物时，这整个过程又从头开始。

克： 被记录的每一件事情——有意识或者是无意识的感官印象，不同的形象、结论、偏见——都包含在观察中。我看到你，通过觉察、联想、偏见建立起许多关于你的不同形象。成千上万的形象被记录并储存在脑细胞中。当我遇见你，我调动注意力，这些形象浮现出来。这就是我们所说的观察，难道不是吗？这是观察的一般过程。问题是从何而生的呢？

阿： 敏感性和敏感性的不同程度，难道不是观察的重要因素吗？我对肮脏的观察和你的不同。你可以把观察从敏感性的程度中分离吗？观察对你我而言是不同的。

克： 当我拥有所有这些积累的形象——有意识或无意识的形象，我的头脑被它们装满了。哪里还有敏感的空间呢？

阿： 观察不是一种被动的记忆行为。每一种新的观察，新的反应，都会带来新的事物。敏感性的程度是这种反应所固有的。我不理解这些程度为什么产生，从哪里产生，因为无知是无法估量的。

芭： 甚至，这样的看就如同照相机，只看到了按下快门的瞬间，而看不到物体。

阿： 如果我检视所有的想法，会发现根本不存在看。

克： 大脑充斥着它所看的对象的印象和信息，它从来不是空的。它带着联想、快乐、痛苦、忌妒这些负担来看。那有什么错呢？

拉： 我从来不正视这一切。有了感官知觉，然后有了形象，然后产生了我的好恶；我的好恶是事实却是我没有意识到的事实。

克： 它们是事实，就如同你坐在这里这个事实一样。这意味着每次我都通过屏幕去看你。那有什么错呢？它不是一个自然过程么？

斯： 在那种情况下，我根本没有看。

克： 首先我要澄清这一点。存在数以千计的印象、感知、结论——让我们把它们统称为"结论"。我通过这些结论看世界，每一种感官知觉都加强我的结论。它们永不消失。这个过程周而复始，贯穿我的一生。

形象的产生和结论都属于过去。感官知觉是即刻的，结论变成过去。我通过过去的双眼来看你，那就是我们所做的，那是个事实。那么这里有什么错呢，先生？为什么我不能以那种方式看你？由认知开始的根本不是观察。但先不要责备它。那是我们一直以来都在做的事情。我想要在我们进一步讨论之前确定一下这一点。慢慢来。被看到的一切事物都用结论来诠释。那是我们都知道的一个事实。那是传统。那是经验。经验、知识、传统，都被包括在"过去"和"结论"这两个词语中。脑细胞保留对过去的记忆。因此，经验、知识和传统决定了脑细胞的结构和本质。脑细胞就是过去：它们保留过去的记忆因为在过去中存在安全。在对生理过程和心理积累的保留中存在着安全。那里存在极大的安全。

斯： 存在于过去的安全是怎样的呢？我真的安全吗？

克： 目前还不要质疑它。看吧。若没有记忆，你将不知道你叫什么名字，不知道如何前往班加罗尔，认不出你的丈夫或者妻子。在传统、知识、结论中没有新的东西，因此没有干扰，所以人会感到彻底的安全。

斯： 没有干扰的事物。

克：任何新的事物都是一种干扰，脑细胞需要秩序，它们在过去中找到秩序。

阿：但是又回到你的问题，那有什么错呢？

克：没有错。我深入质疑感官知觉的本质、大脑的运作、思维的机能以及头脑是如何运作的；在感知、形象、结论和过去中存在安全。那一切都是传统。在传统中存在安全。在过去中，具有完全的安全。

斯：安全意味着挣扎。

克：安全意味着不想被打扰的感觉。我不知道你是否注意到了：大脑需要秩序。它可以在无序中建立秩序，这是一种神经质。它需要秩序，因此它在混乱中找到秩序，并变得神经质。你看到这一点了吗？大脑需要秩序，因为在秩序中存在安全。

斯：这显而易见。

克：传统中存在秩序。连续性中存在秩序。寻求秩序的大脑制造了安全，一个让它感觉到安全的港湾。带有革命性观念的克里希那穆提走过来对你说：这不是秩序。这样你就同他产生了冲突。你用旧观念去解释新观念，旧观念中存在着安全感。头脑为什么要这么做呢？俄国革命与法国大革命推翻了整个原有结构，但是很快地，头脑就在混乱中建立了秩序，结束了革命。

阿：我们发现了一些事情——在我看到了制造干扰的新事物的一瞬间，认知成了我把新转化成旧的一种工具。

克：那是头脑的生理过程。它是大脑的生理需要，因为大脑在其中发现了最有效的运作方式。

阿：你是要探究大脑在观察中的内在缺陷及其扭曲新事物的倾向吗？

克：等一下，先生。除非我理解在过去中寻找安全是危险的，否则脑细胞不会看到任何新的事物。如果看到了新事物，它们会按照旧的模式来解释。因此，脑细胞自身需要看到，在过去中寻找安全存在着巨大的危险。

阿：那意味着一个完全的改变。

克：我对一件事物一无所知。我只看到感官印象、结论和结论中的安全。它也许是一个新的结论，一个无秩序的结论，然而那里却存在着安全；无论那个结论有多么神经质，可在那神经质中存在着安全。

看看它的美。这就是真相，那就是美的原因。一直以来都寻求安全感的大脑要如何才能看清楚，在过去中不存在安全，只有在新事物中才有安全呢？脑细胞在秩序和混乱中寻求安全。如果你提供一个体系、一种方法上的秩序，大脑就会接受它。那就是整个生理过程，也是全部的传统过程——安全存在于过去，而永远不存在于现在和将来；绝对的安全存在于过去。那就是知识：生物知识、科学知识、通过经验获得的知识。在知识中存在安全，知识是过去。好了，下一个问题是什么？

斯：在这个过程中存在着被修改了的延续性。这制造了一种过程感。

克：知识能够延续下去、能够被修改，但是它依旧在时间的领域中；全部都在那里。这有什么错呢？

斯：你所说的都是事实。然而，还有其他的因素。这并不是全部：

这里还有某种东西极其欠缺。

克：这里欠缺什么？一步步地来。这是结构，是哪里出了错？找到它，我将展示给你看。

（二）自由存在于思想停止分别的地方

斯：没有永久的事物。

克：你在说什么？知识是最永久的事物。我看到知识是必需的，同样知识是过去，思想是对过去的反映，因此头脑总是生活在过去之中。因此头脑总是囚徒。（停顿）

囚徒在谈论什么？自由吗？为什么你看不到它？在牢笼中他谈论着自由、解脱、涅槃。他知道牢笼不是自由，而他渴望自由，因为在自由中存在快乐和美丽。他现在的生活是重复的，机械地持续着。因此，他不得不发明一种思想，一种解脱，一个天堂。安全同样存在于未来。他发明了神，他追求真理和觉悟。他总是寄希望于过去。这种寄托是一种生理上的必需。大脑能够看到知识的重要性，同时又看到知识的危险性吗？知识带来分别。知识不是引起分别的因素吗？

斯：当然是。

克：我不要同意。看，脑细胞能够在知识中寻求安全并且知道在知识中存在分别的危险吗？

斯：要同时看到这两点是困难的。

克：要同时看到这两点，否则你不会明白。

阿：知识是如何引起分裂的呢？

克： 知识，将已知和未知区分开来，因此它本身就是引起分别的。昨天、今天和明天的分别是：今天是从昨天的知识、即过去修改得来；今天又将修改明天，这是分裂性所在。知识也是你在我脑海中的形象和我关于你的结论——即我认为"我知道你"，而你此时也许已经改变。我对你的印象分裂了我们。

知识同样给人安全。因此脑细胞能否意识到，在某一层面知识是必需的，但是在另一层面它是造成分裂的，因此是危险的呢？建立形象是知识中引起分别的因素。脑细胞能否看到对身体上的安全来说知识是必需的，同时又看到在结论衍生的形象上建立起来的知识是会引起分裂的？接下来是什么？

斯： 形象的构建有两种类型。技术知识里的记录也是构建形象的一种形式。

阿： 我们探讨的是包含情感内容的形象，在其中，对自由的投射成为一种从过去的逃离。技术的记录并不包含这种情感内容。

克： 大脑知道在这里不存在自由，因此它不得不在这个牢笼外制造一个自由。当你看到知识的整个结构时，就会完全明白了。

阿： 我想要问一个问题：头脑是否有能力用言语表述那些它没有经历过、但是想要经历的事物？

克： 上一个问题还没有完呢，先生。技术知识和生物学知识都包含在"知识"这个词中。我看到知识既引起分裂又引起合一。在知识中存在时间的束缚。但是人也知道在这其中没有自由，他渴望自由，因为在自由中也许会存在终极的安全。那就是从远古时代人们就谈论自由的原因。但是因为牢笼中没有自由，因此人们总是认为自由存在于外面。而我们说，自由就在这里，不在外面。

斯：如果对自由的渴望是一种生理特征，那么对终极安全的渴望不也是生理上的吗？

克：自由存在于所有思想建造的事物中吗？自由存在于自由的概念中吗？看看它。在牢笼中思想找不到自由。因为它无法在这里找到自由，所以它相信自由一定在牢笼外面。

斯：换句话说，知识中存在自由吗？

克：过去中存在自由吗？知识是过去。知识是由过去数百万年的经验积累而成的。经验能带来自由吗？显然不能。那么是否存在自由这样的事物？

斯：我不知道。我认为自由不在牢笼外面；那只是一个投射。而牢笼里面也没有自由。

克：我不知道。我以前总是认为自由在外面。所有的宗教理论与实践都认为它在外面，但这里也许存在绝对的自由。看，我知道，大脑知道，思想知道，是它制造了这个牢笼。思想所知道的就是：为了获得安全，它制造了牢笼。它必须要有安全，否则就无法正常运作。因此，思想质询道：自由在何处？思想寻找着自由，在一个并非从过去投射、构想和发明出来的地方。这种过去依旧是知识。自由一定在某处。

阿：对自由的发现是一种观察行为吗？

克：视觉认知和知识制造了这一切。知识和非知识都是思想的映射。

拉：什么是非知识？

阿：我们认为未知是自由。

克：因此，未知也成了已知。那么这非常简单。这是思想的结构。那么什么是自由？究竟是否存在这样一件事物呢？

阿：我们只知道无论思想制造了什么，都根本不是自由。

克：在思想中存在安全吗？思想制造了一切。其中有安全吗？

斯：是思想制造了这一切。

克：我假定存在安全，但真的存在安全吗？我说过我必须具备知识，但是那是安全吗？我看到分别——你的家庭和我的家庭之间存在区分，属于你的和属于我的事物之间存在着分别。安全存在于这些分别之中吗？

看看我发现了什么：在知识中存在安全，但是在作为知识结果的分别当中，却不存在安全。因此思想问自己：在思考本身的结构中是否存在安全？在过去中是否存在安全？在传统中是否存在安全？在知识中是否存在安全？大脑在上述这一切中寻找安全，但是那是安全吗？大脑必须自己认识到在那些地方并不存在安全。然后会发生什么呢？

我看到那里没有安全，这对我而言是个重大的发现。然后思想说：接下来怎么办？我必须破坏自己，因为我是最大的危险。但是现在，谁是将要破坏自身的"我"呢？思想再一次说："我不能分别。"

斯：杀掉杀人者。

克：牢笼和囚徒，杀人者和被杀者。如果没有了这种分别，是否就有了自我的终结呢？分别意味着矛盾。是否存在毫不费力的自我终结呢？在那终结中存在敏感的品质。经历这一切并到达这一点，需要极大的机智，也就是敏感。

思想能够自我终结吗？这种探索需要巨大的注意力和觉察；这种觉察会按照其自身规律和秩序循序渐进，从不漏掉任何事情。一步步地跟随思想自身的运作过程，观察自身的态度，在带来不真实的安全的领域中寻找，看到它在分别中寻找安全，而使大脑变得有序起来。现在，大脑发现在分别中没有安全，进而它走的每一步都是有序的，而那秩序就是它本身的安全。

秩序是对事物的如实观察，是对人的如实观察，而不是结论。如果我已经有了结论，我就无法看到事物的实情，因为在结论中就有混乱。思想在传播混乱的结论中寻求安全。因此现在它立即抛弃结论。只有在必要的时候，思想才会在知识中运作，而在其他地方都不运作。因为其他地方思想的运作都是制造结论和形象。因此思想结束了。

1971 年 1 月 24 日

二十三　稳定性与知识

（一）虚假的关系与真实的关系

斯： 我看到一棵树。然后从记忆中产生了一个想法，告诉我这是一棵枳果树。这个想法妨碍了我对这棵树的观察，因此我无法看到这棵树的事实。思想的投射干扰了现在，使得真正的观察无法存在。

克： 先生，你是想问什么是关系吗？被观察者与观察者之间是什么关系？所谓与之相关，与之产生联系，是什么意思呢？关系意味着相关：两个人之间的关系；概念、思想与构想者之间的关系；一对多的关系；一种思想和另一种思想以及思想之间的间隔的关系；现在和作为死亡的未来之间的关系；世界与我自己之间的关系；这一切都包含在关系之中，不是吗？我可以放弃这个世界，我可以生活在洞穴中，但是我还是与自己的整个背景相关。这个背景就是我。我认为关系暗示了那一切。（停顿）

阿： 我们总是孤立地看待关系，没有把它看作整体的一部分。关系总是与某件事物相联系的。

克： 当存在一个中心，一个与你相关的观察者时，关系还能存在吗？而当这个中心感到它与某事相关联的时候，那是否就是关系呢？

阿： 有人提到过，只有当我感觉到与某事物相关联时，作为核心的"我"才会被加强。

克：我们要怎样来讨论这个问题呢？面对这个宏大的主题，我们要如何开始？

阿：我们要从信仰开始吗？因为信仰是一切关系的基础。

克：对你而言，关系是什么含义？

阿：处于交流之中。

克：对你而言，关系是什么含义？当你看着我或她时，你是以何种方式与我和她建立关系的呢？你与我们相关吗？

阿：我想是的。

克：让我们来探索它吧。我看着你，你看着我。我们的关系是什么？除了言语上的关系之外究竟是否存在关系？

拉：当存在向某事物靠拢的运动时，就会感觉到关系。

克：如果我们两个人都向同一个理想进发，一起前往同一个目标，那是关系吗？如果每个人都是孤立的话，还存在关系吗？

斯：你问的第一个问题是：如果存在一个核心，还存在关系吗？

克：如果我为了安全，为了不被伤害，有意识或无意识地在自己周围修建一堵墙，一堵抗拒外界和自我保护之墙，那么还会存在任何关系吗？一定要看看这些。我害怕，因为我在身体上和心理上都被伤害过，我的整个存在都受伤了，我不想要再次被伤害。我围绕自己修建了抗拒和防御的墙壁，上面写着"我知道，你不知道"，我就感到了完全的安全，远离了进一步的伤害。在那样的情况下，我和你的关系是什么？

阿：对你而言，我们日常生活中的关系是指什么？

克：为什么要问我呢？看看你自己吧，在你平时的日常生活中，发生了什么呢？你去办公室，你被人欺负，被位高权重的人羞辱。你自尊心受伤，回到家，又遭妻子的数落，你更加退缩，却仍然和她同床共枕。你有任何关系存在吗？

阿：那意味着，存在中心时，就不存在关系。

拉：但是存在通常的善意。

克：但是，如果我生活在对抗的围墙围起来的樊篱中，那么还存在善意吗？我对你的善意是什么？我有礼貌，但我保持距离。我总是躲在围墙后面。

斯：即使是在一个普通人的生活中，有一些关系也不总是在围墙之后。

阿：你说不存在关系。事实是在生活中我们总是互相忠于彼此；我们并未仅仅以自私为基础来行为处事。

克：你是说你为了其他人的利益而行动，真的是那样吗？我内心里或外在地追随着希望革新社会的领导者，我跟随着他并且服从他。我忠于领导者和我自己都认为必要的做法。在为了同一个目标而工作的我和我的领导者之间存在关系吗？关系意味着建立联系、变得亲密。

阿：这个关系的基础是实用性。

克：那么我们之间关系的基础是实用主义。

拉：你若是用实用性去探究，那么就不存在关系了。

克：我们同意同一个观点、公式、模式、目标、原则或乌托邦，但是那中间存在关系吗？

阿：关系仅仅是一个观点吗？

克：你没有提到这里有个更深层的问题，那就是：只要有个观察者专注于某种做法，你和我之间是否存在关系？

阿：两个人之间没有关系吗？

克：这真是个很大的问题。先生，当我看这棵树的时候，我与树有关吗？关系是作为观察者的我和被观察的树之间的一个距离。当观察者和被观察者之间存在距离的时候，存在任何关系的可能性吗？我结婚了，并构建了我妻子的形象，同样，我的妻子也构建了我的形象。形象是产生距离的因素。除了肉体关系之外，我们之间还存在任何关系吗？我们一起合作做某件事情，这件事情把我们带到一起。但是我有我的焦虑，她有她的烦恼——我们在一起工作，但是我们之间有关系吗？

阿：先生，我理解一起工作这一点，但是另外一点我不理解。

克：稍等一下。要制造一艘火箭，我相信需要三千人一起工作。每个人都为建造一个完美的机械去工作，每个人放下自己的特质，那就被称作他们之间的"合作"。那是真正的合作吗？当你和我带着同一个目的一起工作，去建造一座房屋，我们仍然是分开的个人。那是合作吗？当我看一棵树的时候，树和我之间存在一段距离，我和树没有关系。距离不是由物理的空间产生的，而是由知识产生的。因此，什么是关系？什么是合作？什么是分离的因素？

斯：这种或那种形式的意象带来了分别。

克：慢慢来。树在那里。我看着它。在我和树之间的物理距离可能只有几步，但是我们之间的实际距离却非常遥远。尽管我正看着它，然而我的目光、头脑、心思，所有一切都在遥远的地方。那个距离无法丈量。以同样的方式，我看着自己的妻子，心在非常遥远的地方。以同样的方式，我与他人合作，心却在非常遥远的地方。

斯：文字和形象干扰了所有这些吗？

克：我们就要找到答案。存在文字、形象和双方合作为了达成的目标。而把你我分离的就是目标。

斯：但是对树而言没有目标。

克：就停留在那里，不要跳到前面去。我们认为为了实现同一个目标，大家走到了一起，建立了联系。但事实上，正是目标分开了我们。

阿：不。你怎么说是目标分开了我们呢？

克：我不知道。也许我是错的。我们在探讨。你和我有一个目标，我们一起工作。

斯：这是一个"要成为什么"的问题吗？

克：看看吧。我说目标把人们分开。目标并没有把人们带到一起来。你的目标和我的目标是分开的；它们分离了我们。分离我们的是目标本身，而不是不相关的合作。

斯：我看到有一点：两个人为了某事的喜悦走到了一起，那种情形是不同的。

克：当两个人出于深情、爱和喜悦而走到一起时，那不分开两人的行动是什么呢？我爱你，你爱我，从这种爱出发会产生什么行动？没有朝向某一个目标的运动。这两个相爱的人之间的行为是什么？

阿：当两个人因为深情走到一起，它也许会产生一个结果，但是他们并不是为了这个结果而走到一起的。因此，在这样的相聚中没有分裂。然而如果两个人是为了一个目标走到一起，那么就存在分裂的因素。

克：我们已经有了一些发现。一定要深入探讨。我看到当人们因为深情聚到一起，当不存在目标、目的和乌托邦的时候，那么就不存在分裂。然后一切身份都消失，只存在行动——我将去清扫花园，因为那是这个地方所需工作的一部分。

拉：出于对这个地方的爱……

克：不是对这个地方的爱。而是爱。你看到我们缺少了什么。目标划分了人们；目标成为了规则，目标成为了理想。我想看到这包含了什么。我看到只要我有一个目标、一个目的、一条原则、一个乌托邦，这个目标、原则就分离了人们。因此，对我而言它就结束了。

然后我问自己，我要如何不带有目标地和你共同生活、工作？我看到关系意味着紧密的连接，因此两者间不存在距离。我看到在我和树的关系、我和花的关系、我和妻子的关系中，存在物理距离和巨大的心理距离。因此，我看到自己根本没有任何关系。那我要做什么呢？我告诉自己，我必须忠于家庭、忠于树，在对目标的奉献中忘掉自己，并且一同工作。知识分子们告诉我，目标远比人要重要，整体比部分伟大得多。因此我在做什么呢？

我热爱自然，我爱我的家庭。因此我下定决心，坚持我们要为了一个目标而共同工作。我怎么了？我在做什么？

斯：孤立了自己。

克：不，先生，看看发生了什么吧。

阿：事实是我与周围根本不相关。我努力去建立一个关系，在思想与思想之间的鸿沟上架起一座桥梁。我不得不这样做，因为不这样的话，我就会感觉到绝对的孤立。我感到迷失。

克：那只是它的一部分。再深入一点。当我的头脑努力使自己忠于任何事情——家庭、自然、美、共同工作时，我的头脑发生了什么？

斯：那存在许多的冲突。先生。

克：我意识到像阿克尤特指出的那样，我与任何事物都不相关了。我意识到那一点。然后，我想要变得相关，因此我让自己全心投入，行动起来，然而孤立还在继续。我的头脑发生了什么？

拉：那是持续的挣扎。

克：你并没有离开那一点。我与周围不相关，但我尝试着去产生关联。我尝试通过行动来确认自己。现在头脑中发生了什么？（停顿）

我在外围上移动。当我的头脑总是在外围上移动时，它发生了什么呢？

斯：头脑变坚固了。

阿：我在逃离自我。

克：那是什么意思？一定要看看它。自然变得非常重要，家庭变得非常重要，我自己完全投入的行为变得非常重要。但我是怎么了？每一种关系都被完全外化了。

那么，使得关系的全部运动外化的头脑发生了什么？当头脑被外在和外围所占据，你的头脑发生了什么呢？

斯：它丧失了所有的敏感。

克：一定要看看在你内心发生了什么，你对外化过程做出反应，退隐出世，你变成了一个僧侣。当头脑撤离时，它发生了什么呢？

斯：它丧失了自发性。

克：如果你真的去看的话，你会发现答案。（停顿）当你撤离或者当你承诺时，你的头脑发生了什么？当你退回到自己的结论中时，发生了什么？为代替这个世界你制造出另一个世界，你称之为内在世界。

斯：头脑不是自由的。

克：那是你的头脑所发生的吗？

阿：它仍然虔诚。

克：头脑专注于外部现象，对此做出的反应是转而专注于内在，是撤回。对内在、对神秘经验、对你自己想象的世界的专注是一种反应。这样做的头脑发生了什么？

拉：它被占据。

克：是那样吗？她说头脑被占据，就这些吗？再勇敢些。头脑把它的行动外化，然后转而向内并且行动。头脑的本质发生了什么？回撤并且外化的头脑怎么样了？

阿：它没有面对事实。

拉：存在巨大的恐惧。它变得呆板。

斯：它不能自由地看。

克：当你的头脑将它的一切行动——外在的和内在的行动——外化时，你观察它了吗？向内的运动和向外的运动是一样的。就如同涨潮和退潮一样。向外运动并向内撤回的头脑发生了什么呢？

阿：它变得机械化。

克：它是完全没有任何承受力、完全不稳定、没有秩序的头脑。因为在整个运动过程中没有秩序，它变得神经质、不平衡、不成比例、不和谐并具有破坏性。

阿：它是焦躁不安的。

（二）死板的稳定性与灵活的稳定性

克：因此，这样的头脑没有稳定性。它发明外部目标或者撤回。但大脑需要秩序，秩序意味着稳定性。它尝试在外部世界的关系中寻找秩序，然而却找不到；因此它转而向内探寻并且尝试在内部寻找秩序，却再一次陷入相同的过程中。这是一个事实吧？（停顿）

头脑尝试在合作行为中找到稳定性。它尝试在家庭中、在承诺中、在与自然的关系中寻找稳定性，却没有找到。它因此变得浪漫，而这又产生了更多的不稳定性。它撤回到一个具有无限结论、乌托邦、希望和梦想的世界中，它在这个世界中又发明了一种秩序。不稳定、狭隘又不扎根于任何事物的头脑迷失了。那是发生在你身上的情况吗？

拉：那解释了对美的崇拜。

克： 对美的崇拜，对丑的崇拜，嬉皮士的崇拜。那是你头脑中发生的事情吗？当心！不要接受我所说的话。

一个不稳定的头脑没有深深地扎根于秩序中——这个秩序不是一种人为制造出的秩序，因为人为制造出的秩序就是毁灭——这样的头脑具有破坏性。它经历了从共产主义到上师，到《婆吒瑜伽》，到拉马那·马哈希，它陷入对美的崇拜、对丑的崇拜、对虔诚的崇拜、对冥想的崇拜等。

头脑如何能完全寂静？从这种寂静中产生的行动截然不同。先生，看看它的美吧。

阿： 那是头脑的尽头。

克： 不，先生。我在问自己，头脑如何能够完全稳定？这不是死板的稳定性，而是一种灵活的稳定性。一个完全稳定、坚强、深邃的头脑，扎根于无限中。那是怎么可能的呢？我意识到我的头脑是不稳定的，我理解那是什么含义：我自己知道头脑诞生于不稳定性。我知道这一点，并因此否定了它。然后我问：什么是稳定性？我知道不稳定性，知道它的一切破坏性的运动，当我把它完全抛开时，什么是稳定性？我在家庭中、在工作中寻求稳定性，向自己内心探求稳定性，在经验、知识、能力、神之中寻求稳定性。我发现我并不知道什么是稳定性。这个不知道就是稳定性。

那个说"我知道,所以稳定"的人把我们引向了现在的混乱，就像说："我们是被选中的"的那些人一样。许多上师、大师们说："我知道。"抛弃那一切吧，依靠你自己，对自己有信心。当头脑抛弃了这一切，当它理解何为不稳定并认识到它无法知道什么是真正的稳定时，就产生了和谐的运动——因为头脑不知道。

然后头脑从不知道的这个真相出发。这个真相是稳定的。不知道的头脑处于学习的状态。但是当它一旦说"我已经学到了"，它就停止了学习，那就是分裂的稳定性。因此，头脑说"我不知道"，而真相就是它不知道。仅此而已。这使头脑具有了学习的品质，在学习中存在稳定性。稳定性存在于学习中，而不在"我已经学到了"之中。

看看这一切对头脑做了什么：它完全解除了头脑的负担，那种解除是自由，不知道所带来的自由。看到它的美——因为不知，所以自由。

在知识中运作的那一部分头脑发生了什么？从记忆到记忆的工作是它的功能，不是吗？在知识中，头脑找到了极大的安全感。从生理上讲，那样的安全是必需的，否则它就无法生存。那么，说"除了生存所必需的知识外，我一无所知"的头脑发生了什么？曾被束缚的头脑现在自由了，它没有被占据。它能行动，但并没有被占据。它从未被碰触，也再不会被伤害。新的头脑诞生了，或者说，旧的头脑清空了先前占据着它的所有内容。

1971 年 1 月 28 日

孟买
对话录

二十四　脑细胞与突变

（一）大脑的突变不需要时间积累

普：迄今为止，我们还没有讨论到你的教导的精髓，即时间的问题、脑细胞的沉静以及在克里希那穆提身上发生了怎样的过程。我把这三者放在一起，是因为当人观察时间的水平运动时，看到的是克里希那穆提的生活，他看到出生在婆罗门传统中的这个男孩经历了通神学会的某种准备，受到启蒙，写出如《追寻》（*The Search*）与《道路》（*The Path*）这样的书；书中将觉悟看作一个终点、一个固定点。在所有这些早期著作中，假定存在一种必须达到，而又必须通过漫长而艰苦的斗争才能达到的状态。突然间克里希那穆提发生了改变；他否定作为固定点的救赎和永恒并且因此打破了时间本身的水平运动。如果我们可以理解并且毫发分明地看到克里希那穆提身上发生的一切，如果我们能够探究他那包含时间的水平运动的大脑发生了什么，我们也许就能够理解时间以及大脑的突变。

克：我理解。你理解吗，先生？

德[①]：是的，先生。这是一个非常重要的问题。

克：我想知道，所谓的水平运动是不是一种非常局限的浅层运动？

---

① P. Y. 德什潘德 (P. Y. Deshpande)，以下简称"德"。

这个年轻人，重复着别人教给他的东西，然后在某个特定的时刻，发生了突破。你理解吗？

普：不，我不理解。局限的浅层运动是什么意思？

克：那就是指这个男孩接受、重复并沿着这条按照传统和通神学会铺设好的道路行走。他接受了那些。

普：我们所有人都那样做。

克：我们所有人都以不同的程度那样做。问题是：为什么他要继续那个旅程？

普：不。问题是究竟是什么使得他突然间说不存在固定点的导火索？

克：看这个问题，假定克里希那穆提不在这里、克里希那穆提已经死了，你将如何回答这个问题呢？我在这里，所以我可能回答你，也可能不回答你；但是如果我不在这里的话，你要如何回答这个问题呢？

普：一种方法是探究你所说过的话，以及你说这话的当时受到的影响，看着突破在哪一点发生，被记录下来并造成这种突破的内在或外在的危机是什么。

克：假设你对此一无所知，但现在又必须严肃地回答这个问题，你会怎么做呢？你给出的探究的建议需要花费时间。你如何能在现在就找出答案？如果你面对这样一个问题：一个年轻人，追随传统的道路，坚持固定点、固定目标、使用时间、进化的观念，然而就在某一点处，他与传统分裂了，你将如何找到答案？如何解开它呢？

德：这就好像烧水。在到达100℃之前它是同质的，而当达到

100℃时，就发生了彻底转变。

克：但是到达那个点需要时间。

普：如果我没有历史背景知识的话，唯一的探究方式就是看在我自己的意识中这个过程是否可能。

德：我指的是其他的事情。传统主义者会说，存在一个过程，就如同水的沸点一样，导致转变。你可以否认传统，但是要把你带到那一点，传统是必需的。

普：如果人们对克里希那穆提的历史资料、对克里希那穆提经历了多种修炼等并无了解，只知道克里希那穆提这个现象的事实，那么探究的唯一方式就是通过自我了解。

德：你要如何解释这个现象呢？

莫[①]**：**你似乎在之前的状态和现在的存在状态之间建立了一个关系。这两者之间存在关系吗？你说一者导致另一者，一个接着一个，你在按照时间进行安排。

普：我们知道克里希那穆提现象的历史，即他出生于婆罗门家庭，等等。我观察他的背景，发现直到某一点之前，克里希那穆提都在谈论着时间和作为终点的救赎，然后突然间，全部事情都被否定了。

克：莫里斯问你为什么要把这个水平运动和垂直运动相联系呢？两者之间没有关系。因此把它们分开吧。

普：当我看着克里希那穆提的时候，我看到的是整个背景。

---

① 莫里斯·弗里德曼（Maurice Friedman），以下简称"莫"。

克： 看，但是不要将两者联系起来。

普： 如果你说的这些有意义，那么理解时间的过程和从这个过程中的解脱是很重要的。因此我要问：是什么引发了你的转变？如果你告诉我它就这样发生，我会说"好吧"。如果它发生，那它就发生，如果它不发生，那就不发生。我会继续我的生活。

莫： 没有导火索。

普： 某个大脑发出某种声音，突然间它又开始发出另外的声音，克里希那穆提曾说脑细胞本身是时间，让我们不要脱离这一点。因此克里希那穆提的作为时间的脑细胞经历了某种突变。

克： 我将简单展示给你看。对任何一个头脑的培养都需要时间。经验、知识和记忆都储存在脑细胞里。那是个生物学的事实。大脑是时间的结果。现在这个人在某一点上打破了这个时间的运动。完全不一样的运动发生了，那意味着，脑细胞本身经历了突变。普普尔说我必须回答发生了什么，否则发生的事情就纯属偶然。

德： 如果那是偶然，那么我们会接受它。

芭： 克里希那吉的回答可以帮助我们带来自身的突变。

苏： 有两个解释是可能的。一种通神学会的解释是大师们照料着克里希那穆提，使他没有被经验所沾染。另一种解释是转世。

德： 当克里希那穆提说男孩克里希那穆提没有被经验所沾染，他是如何知道的呢？他写了《追寻》与《道路》；我将不会深入探究他没有被沾染的最终结果。

克： 等一下。它是如何发生的呢？你的答案是什么？面对所有的事实，面对它们，你要如何回答？

芭：先生，我们该如何解释 1927 年发生在你身上的改变呢？贝赞特夫人①说两种意识不能合并。我们个人对此毫不知情，也没有能力去知道。

克：让我们一起来探究吧。

莫：我会这样来看。这个人从另外一种状态中苏醒。一种状态不会引发另外一种状态。其中没有因果联系。

普：我坚持认为，脑细胞本身除了将时间理解成一种水平运动之外，不能理解成其他。除非理解这一点，否则我们不能深入地探索时间的问题。

克：让我们来探索。首先，那究竟是否涉及时间？如果你问我这是如何在我身上发生的，我真的不知道。但是我想我们可以一起探究它。如果你问我："你昨晚去散步了吗？"我会说："是的。"然而如果你问我："这是怎样在你身上发生的呢？"我真的没法说是怎么回事。这有什么不对吗？

普：就它本身而言，没什么不对。但是我们现在正尝试去理解这种时间之中的运动和时间之外的运动的本质——先不去考虑它在你身上是如何发生的，重要的是我们要深入探究时间的本质，不是在物理时间和心理时间的层面上，因为我们对此已经探究得足够多了。

---

① 安妮·贝赞特(1847—1933)，布拉瓦茨基夫人去世后，安妮·贝赞特继任通神学会的主席，并成为通神学里最有影响力的人物。1909 年起成为克里希那穆提的监护人，也是克最亲密的一位母亲、老师和朋友。

（二）纯粹的记录者：新旧大脑的转换与并用

克： 就从观察开始：看，涉及时间吗？

普： 在看的过程中，脑细胞发生了什么？

克： 在看的过程中，脑细胞或者以过去的知识来反应，或者停下来；它们让自己停下来时不带着过去。

普： 你是说在即刻的洞察中，脑细胞停下来了。如果它们不运作的话，那它们存在吗？

克： 它们存在，作为知识也就是过去的仓库。我们都同意脑细胞是记忆、经验以及知识（过去的仓库）。那是旧的大脑。在洞察中，旧的大脑不做出反应。

普： 那它在哪里？

克： 它就在那儿。它没有死亡。它在那儿的原因是我需要用知识去思考，要用到脑细胞。

普： 那么是什么在运作呢？如果脑细胞没有在运作的话，那么是什么在运作？

克： 一个崭新的大脑。这很简单。旧的大脑装满了形象、记忆和反应，我们习惯于用旧的大脑来反应。洞察与旧的大脑不相关。洞察是旧的反应与旧的反应所不知道的新的反应之间的间隔。在那间隔中不存在时间。

莫： 这里存在一对矛盾。在心理学中，感觉是自我指向的。在感觉和洞察之间的空隙中，记忆进入并产生扭曲。因此，感觉是永久的，而间隔是时间上的。

克： 让我们把它弄清楚。你问我一个问题。旧的大脑根据它的信息和知识进行反应；如果旧的大脑没有知识和信息的话，在问题和答案之间就存在一个空隙。

莫： 这个空隙的产生是由于脑细胞的惰性。

克： 不。

莫： 记忆的痕迹在头脑中继续。

克： 若你问我从这里到德里①的距离是多远，我不知道。通过脑细胞思考得再多也帮不上忙。这个事实在大脑里没有被记录。如果它被记录下来，我会思考一下然后回答你。但是我不知道。在这不知中，有一种时间不存在的状态。

德： 再多的等待也不会让我知道。

克： 在我知道的瞬间，知道就是时间。

普： 你谈到了两三件事情；你提到了新的头脑。问题是旧的头脑发生了什么？

克： 旧的头脑安静了。

普： 它存在吗？

克： 它当然存在；否则我就无法使用语言。

普： 在你说旧的大脑继续存在的时候——

克： 否则，我不能运作。

---

① 原印度首都。

普：当新的大脑存在，旧的大脑则不存在。

克：很对。等一下，出于方便，让我们称它们为旧大脑和新大脑吧。旧大脑积累了历经数个世纪的各种记忆，记录了各种经验，它会在那个层面一直运作。在时间中它有自己的连续性。如果它不连续的话，那么它就会变得神经质、精神分裂、不平衡。它必须有健全、理智的连续性。那就是旧大脑和它所有的记忆储存。在这样的连续性中，大脑永远找不到新的事物。因为只有当某事终结时，才会有新的事物产生。

莫：什么的连续性？当你说连续性时，那指的是一种运动。

克：是加、减、调整，它不是静止的。

德：连续性是一种循环运动。

克：首先让我来看看这个连续性，这个作为旧大脑的重复的循环运动。在时间的某一点我称它为新大脑，但是它还是旧大脑。我渴望新大脑，因此在这个循环内发明了一个新大脑。

普：有在旧大脑的基础上重新整理而产生的新大脑，以及不在旧的基础上重新整理后产生的新大脑。还有什么呢？不在旧大脑上重新排列或发明的另一种新大脑是什么？它是可认知的吗？它是可观察的吗？

克：它是可观察的，但不是可认知的。

普：所以那不是一种经验。

克：那是一种没有观察者的观察。

德：但是与过去无关。

克：观察意味着新的东西。

莫：感觉是不带有过去的。感觉没有被过去所累。它是直接的。

克：已经变得机械化的头脑渴求新事物。但是它渴求的新事物总是存在于已知的领域中。你可以称这个领域中的运动是水平的或者循环的，但是它总是在这个领域之中：我想要依据旧的得出新的。

普普尔的问题是关于作为时间、经验和知识的结果的大脑；当存在一种新的观察，在这种观察中没有经验和观察者，这种观察不是一种被储存和记住而因此成为知识的经验，这时大脑会发生什么呢？

莫：大脑不会反应。

克：是什么使得它不反应？这是如何发生的？

普：我们应该放下所有，停留在此，因为这里正在发生一些非常重要的事情。我们依然没有感觉到它。我在听你讲话。我留心关注。在那种关注状态下，除了声音和动作，再没有其他。在那种状态下，我能够理解整个过去的重负发生了什么吗？

克：这非常简单。过去在继续运转着；它在记录着每一个事件、每一次经历，不管是有意识还是无意识的。听到的、看到的每一件事情都在涌入。

普：无论我是有意识还是无意识，脑细胞都独立行动。

克：是的。当那个大脑在运作的时候，它总是从过去开始行动。首先，这样做有什么问题？

普：如果你观察它的话，它就仿佛是泛起的涟漪——思想的涟漪。然后，突然间我留心关注，涟漪就消失了。

克：在那种关注的状态下，存在洞察。那种关注状态就是洞察。

德：当我看到自己的头脑在记录每一件事情的事实时，我突然意识到，它在没有观察者的情况下继续记录着，那就消除了我。如果它在没有我的情况下继续的话，那么我就结束了。

克：它就如同一台记录的机器，记录着每一件事情。

德：为什么我要叫它机器呢？它是一件令人惊奇的事物。而我不知道它的原因和机制。

克：你听过吹号角的声音。脑细胞把它记录了下来。不存在拒绝或者接受。

德：脑细胞接受的比这要多得多。

克：慢慢来。大脑是记录的机器。它是一台不停地记录着每一件事情的录音机。你走过来挑战大脑。它会以"喜欢""不喜欢""你是一个危险""她不是一个危险"这样的反应来回应你。在那个瞬间，"我"诞生了。那是大脑的记录作用。

德：这个说法是片面的。头脑在记录，这是一个事实，但是它也可能做到更多别的事情。

克：你跳到前面去了。大脑的作用是记载和记录。每一个经验（无论是有意识或者是无意识的）、每一个声音、每一个词语、每一个色调都在进行着，与作为一个独立实体的思想者无关。记录令人不悦的声音，听取一些奉承和侮辱，想要更多或更少——在这样的记录中"我"产生了。

普：当记录发生，我意识到声音。

克：那是什么意思？那是愉快或者不愉快的。在经历的时刻，其中根本就没有"我"存在。

普：存在有声音的状态和无声音的状态。

克：现在有新的行为产生。我记录下那个声音——可怕、丑陋的声音——没有对它的反应。当有反应的时候，那个回应就是"我"。那个反应根据快乐、痛苦、折磨而增加或减少。

现在，普普尔的问题是：那个一直自动地、机械地做着所有这些事情的旧大脑，无论水平地或者循环地运作着的旧大脑，如何在没有记录者和记录的情况下去看？

普：我们谈过这个话题。我想要继续做更深入的探究。我们倾听。声音穿过我们。存在关注。在那样的状态下，水平运动瞬间终结了。旧的大脑发生了什么？

克：它依旧在那里。

普：你说"它依旧在那里"是什么意思？

克：看看吧。看看发生了什么事情。有个孩子在哭。孩子的哭声被记录下来，为什么妈妈没有去照顾他呢？等等。

普：你记录了那一切吗？

克：不，我只是在倾听。是完全的倾听。在那倾听中旧的大脑怎么了？你理解这个问题吗？我们在共同探究。（停顿）

换个方式来讲。什么是大脑最需要的东西？（停顿）难道不是在运作时感觉到安全吗？人看到大脑需要安全感。然后发生了一些事情，大脑看到一个事实：认为存在着安全和舒适，这个假定是不对的。

德：大脑看不到它。

莫：我们把大脑当作印象的积累和记忆的仓库等，但是记忆的仓库在大脑外面，大脑只是一个镜头而已。

普： 为什么我们此时不观察自己的头脑，而去谈论抽象的大脑呢？

克： 听着——你的大脑需要安全；它需要极大的物理上和心理上的保护感。那就是所有我要说的。那就是它的作用。那是核心。

德： 基本的问题是什么？

普： 基本的问题是：当存在如时间、记忆、脑细胞的运作这样的头脑的水平运动时，是什么使得"另一个"成为可能，当"另一个"存在时，发生了什么？

克： 我会告诉你，脑细胞需要安全和保护才能生存下去。它们存在了上百万年。现在发生了什么？寻找安全的头脑总是在尝试，并依附于上师、民族主义、社会主义；它被困在那里，需要被连根拔出。因为它对安全和生存的基本需要，它发明了时间序列——水平的或者循环的时间。当它对安全的基本需要得到满足时，发生了什么？现在的观察难道不是全然不同了吗？

德： 正是对安全的需求抗拒了你所提出的问题。

克： 不，我的大脑是安全的。到目前为止的 70 年里，它还没有被破坏，因为它拒绝以想象为代价获得的安全。不要发明信仰或者主义，因为在它们中根本不存在安全。把它们驱散吧，因为那些都是幻想。因此头脑是完全安全的；这种安全不在任何事物之中，而在大脑本身。

之前，它通过家庭、神、自我主义、竞争、追求来寻找安全。而通过某事物得到的安全是最大的不安全。大脑摒弃了这种安全，因此，大脑能够进行观察。因为没有幻想、动机和模式，所以它能够观察。因为它不去找寻任何安全，所以它是彻底安全的。头脑摆脱了幻想，不是商羯罗所说的幻想，而是幻想认为我可以在家庭、神明、过去的知识中找到安全。那么，是什么在观察呢？只是观察而已。

莫：我们现在就如同被造之初一样；我们知道自己受精神体支配，并感到非常不安全。一定还有一种不同的方式来处理这个问题。我们的安全是非常易受伤害的东西，因为我们的身体太脆弱了。

克：因此我要保护这个身体。这与自我主义无关。

莫：脆弱与自我是有联系的。

克：我将不带有自我地去保护这个身体。我会清洗它，照料它。我们认为是自我在保护身体。一旦我们获得了满足完整的生存、保护和大脑的安全的必需品，我们将解决所有其他的问题。

让我们换个方式来说：观察与不惜以任何代价渴望安全和生存的大脑相关吗？

普：我的头脑不是以这种方式进行运作的。因此我发现倾听很困难。我尝试仔细地探究头脑，看它是否可以到达脑细胞停止运作的一点。这里不涉及安全或者不安全的问题。在这时，如果我提出这样的问题的话，我就迷失了。现在，我在你面前，我想要了解水平的时间运动，想知道是否存在脑细胞停止运作的一个状态。任何除此之外的质询、问题和回答只会导致困惑。

克：你的意思是，在结束我们所探讨的话题之后，我的脑细胞处于一种或另一种形式的永恒运动中？

普：我说我在倾听你。我的头脑中没有运动。

克：为什么？因为你带着关注倾听，这种关注没有中心，这种关注是一种你只是在关注的状态？

普：在那样的状态下我问过去的重要性在哪里？我那样问是为了理解时间的问题，没有别的目的。

克：在关注中，在完全的关注中，存在时间吗？

普：因为没有反应，我要如何衡量呢？

克：当存在关注时，就没有时间，因为根本没有运动。运动意味着衡量与比较；从这里到那里，等等。在关注中没有涟漪，没有中心，没有衡量。

下一个问题是，旧大脑发生了什么？这是你的问题。把它留在那里。发生了什么？（停顿）

我已经理解了。关注并不是与大脑分离。关注是整个身体。整个身心器官，包括脑细胞，都是关注的。因此，脑细胞非常安静，活跃，不用旧的大脑去反应。否则你无法关注。这就是答案。在那种关注中，大脑可以运作。那种关注是寂静，是空无；随便你怎么称呼它。

出于那寂静、纯真和空无，头脑能够运作，而不是在某事物中寻求安全的思想者。

普：就是说整个大脑经历了一次转变吗？

克：不。是发生了突变。观察者不存在了。

普：但是脑细胞还是一样的。

克：看一看。不要那么说；那样你会迷失。看你自己体内。关注意味着全神贯注——身体、精神、细胞，每个事物都活生生地在那里。

在那种状态里，不存在中心，不存在时间。不存在作为"我"的观察者。没有依照过去的时间，但是过去却存在，因为我能够说这种语言，我知道怎么走进房间。对吗？

那么脑细胞发生了什么？它们在记录，但是不存在"我"。因此作为脑细胞一部分的"我"被消除了。

1971 年 2 月 6 日

二十五　神

（一）神是思想的发明

普：克里希那吉，从某个层面上看，你的教导是非常唯物的，因为它拒绝接受任何没有根据的事物。它以"现状"为基础。你甚至已达到说意识是脑细胞，思想是物质，除此以外不存在其他任何事物的程度。基于这一点，你对神的态度是什么呢？

克：我不理解你所说的唯物主义和神是什么含义？

普：你曾说过，思想是物质，脑细胞本身是意识。物质可以衡量。那么，从这种意义上来讲，你的观点是唯物主义立场的一部分，在卢伽耶陀派①的传统中。根据你的教导，神处于哪里呢？神是物质吗？

克：你清楚地理解"物质"这个词的意义吗？

普：物质是可衡量的。

莫：没有像物质这样的事物，普普尔。

普：大脑是物质。

莫：不，它是能量。每一件事物都是能量，但是那种能量观察不到。你只可以看到能量的影响，那就是你称为物质的事物。能量的影响体现为物质。

---

①　古印度婆罗门教的支派，主张顺世随俗，倡导唯物论之快乐主义。

德：当她说"物质"时，她也许指的是能量。能量和物质是可互换的，但是依然是可衡量的。

克：你是说物质是能量，能量是物质。你不能把纯物质与纯能量划分开。

德：物质是能量的表达或显现。

莫：我们称之为"物质"的东西就是能量，不是别的。它只有被感官知觉所理解后才是能量。不存在物质这样的事物。那只是一种表述方式。

普：你看，克里希那吉，你的教导是基于能够通过视觉和听觉工具来观察的事物。尽管你可能会说不要命名通过视觉和听觉工具所观察到的事物。感官是我们所拥有的唯一的观察工具。

克：我们知道感官观察——看、听、接触以及智力，这些都是整体结构的一部分。现在问题是什么？

普：在那种意义上来讲，这样的教导是属于与形而上学相反的唯物论。你处于唯物主义的立场。

莫：如果你想要紧跟事实，那么我们所拥有的唯一工具就是大脑。那么，大脑就是一切呢，还是只是别人手中的一个工具？如果你说只有大脑的话，那就是唯物立场。如果你说这个工具是唯物的，那么你的教导就不是唯物的。

普：密教师的立场和古代炼金术师的立场从某种意义上来讲与克里希那吉的立场相似。任何事物都需要被观察。任何没有被先知的双眼看到的事物都不能接受。我要问："你对神有怎样的看法？"我认为这是一个非常正当的问题。

莫：你可以解释什么是神吗？

克：你认为神是什么含义呢？我们解释了能量和物质，现在你问什么是神，我从来不用"神"这个词去指代一些不是神的事物。思想所发明的不是神。任何由思想所发明的事物，都仍然在时间的领域内，在物质的领域内。

普：思想说：我无法更加深入。

克：但是它可能因为无法更加深入而发明神。思想知道自己的局限。因此，它尝试发明被称之为神的没有局限的事物。情况就是这样。

普：当思想看到它自己的局限，它还意识到有一个超越自己的存在。

克：思想发明了它。只有当思想结束，它才可以超越。

普：看到思想的局限性不等于了解了思想。

克：所以我们必须去了解思想，而不是神。

德：当思想看到自己的局限，它事实上揭穿了自己。

克：是思想意识到它的局限呢，还是作为思想产物的思想者意识到思想的局限呢？你看到这一点了吗？

普：为什么要区别它们呢？

克：思想制造了思想者。如果思想不存在，就没有思想者。思想者是不是看到了局限后，说"我被限制了"？还是思想本身意识到自己的局限？这是两个不同的立场。让我们把这一切弄清楚。

我们在探索。存在着两者——思想和思想者。思想者观察思想，通过推理这个物质过程，它看到能量被局限了。在思想的领域中，思想者在思考这些。

德： 当思想者说思想是局限的时候，思想和思想者本身都成了问号。

克： 不，还没有。思想是记忆，思想是知识的反映。思想产生了被称为思想者的事物。然后思想者与思想分离；至少它认为自己是与思想分离的。思想者看着它的推理能力、智力、合理化的能力，认为那些非常局限。因此，思想者谴责推理；思想者说思想是非常有限的，那是谴责。然后他说，一定存在着不仅仅是思想的，而且是超越这个局限区域的事物。那就是我们正在做的事情。

我们来如实地看待事物本身。是思想者认为思想是局限的，还是思想本身意识到它是局限的？我不知道你是否看到这两个问题的不同之处。

莫： 思想先于思想者产生。

普： 思想可以结束。但是思想如何感觉到它是局限的呢？

克： 那就是我的问题。是思想者看到他是局限的还是思想说我再也无法更进一步？你明白吗？

莫： 为什么你要把思想者与思想分离？有许多思想认为，思想者也是另一种思想。思想者是引导者、帮助者、审视者；他是最主导的因素。

克： 思想经历了这一切，并建立了一个中心，即观察者，观察者看到思想，说思想是局限的。

德： 事实上，它只能说"我不知道"。

克：它没有那样说。你引入了一个不可观察的事实。首先，思想是知识的反映，思想还没有意识到它是非常局限的。为了获得安全，它所做的就是把已经成为观察者、思想者、经历者的各种思想聚集到一起。然后我们问：是思想者意识到它的局限性，还是思想本身意识到它的局限性？这两者是完全不同的。

莫：我们仅知道思想者在思考这样一种状态。

克：思想者不是永恒的实体，就如同思想不是永恒的一样，思想者在调整、改变和添加。这很重要。弄清是思想者看到它是局限的，还是作为观念的思想——观念是组织化的思想——认为自己是局限的，这很重要。

那么，究竟是谁看到局限性的呢？如果思想者说思想是局限的，那么思想者会说一定存在着更多的东西。他会说一定存在神，一定有超越思想的存在。对吗？如果思想认识到它无法超越自己的束缚，超越它自己僵化的脑细胞——作为思想的物质根源的脑细胞，如果思想意识到那些，那么会发生什么？

普：你看，先生，那就是问题所在。如果你的教导就停留在这点上，我就会明白了。如果你停留在这点上，即思想本身看到自己的局限性或脑细胞本身看到这一点，那么你的立场中就存在完全的一致性和逻辑；但是你总是在移动中，超越这点，你无法使用任何词语。从那以后，不管你怎么称呼它，神的概念就被引入了。

克：我不会接受"神"这个词。

普：你通过推断和逻辑把我们带到一点。你没有停在这一点上。

克：当然不能。

普：那真是矛盾。

克：我不认为那是矛盾。

莫：某事物的物质和其含义不能被互换。普普尔把两者混淆了。

克：她说的非常简单：我们看到你所说的关于思想和思想者的逻辑。但是你没有就把它留在那里。你把它推向深入。

普：推进到一种抽象之中。我说思想者与思想本来是一体的，人们为了自己的安全和永恒把它们分开。我们提出的问题是：是不是思想者认为思想是局限的并因此提出了超越思想的事物，因为他必须获得安全；或者，是不是思想说无论思想运动是多么精妙、多么合理，思想依旧是局限的。但是克里希那穆提没有那样说，克里希那穆提进入了抽象之中。

克：我意识到思想和思想者非常有限，但我没有停留在那里。这样做是纯粹唯物的哲学。这是东方和西方的许多智者都达到的一点。但是他们总是被束缚，因为这种束缚，不管他们如何扩展，都始终被绑定在一点上，那就是他们的经验和信仰。

现在，知道思想是能量，思想是记忆，思想是过去，思想是时间和痛苦，我能否回答说，是不是思想意识到了自己的局限这个问题？思想意识到思想的任何运动都是意识活动。意识是意识的内容，没有内容就没有意识。那么，发生了什么？它是可观察的吗？我没有发明神。

普：我没有那样讲。我没有说你发明了神。我是说到这一点为止，你的立场是物质的、理性的、逻辑的；然而突然间，你引入了另一种因素。

克：不。看看它。思想本身意识到它所制造的任何运动都在时间的领域内，而不是因为思想者无能，所以假定了一个超级意识、一个更高的自我、神或者别的什么。然后会发生什么？然后思想变得完全安静——这是一个可观察、可探究的事实。安静不是训练的结果。然后会发生什么？

普：先生，请允许我问你一个问题。在那样的状态下，对所有声音的记录在持续着。记录的机器是什么？

克：大脑。

普：大脑就是物质。因此这种记录在继续。

克：它总是在继续，无论我是否有意识。

普：你可以不为它命名，但是存在感总是在继续。

克：不，你在使用"存在"一词，但是在继续的是记录。我要对这两点做出区分。

普：让我们不要跑题。并不是所有的存在都消散了。如果思想结束的话，它才会消散。

克：正相反。生活在继续，但是没有作为观察者的"我"了。生活继续，记录继续，记忆继续，但是"我"不见了。很显然。因为那个"我"是被局限的。因此，作为"我"的思想说"我是被局限的"，那不意味着身体不会继续，但是作为自身活动的中心，作为"我"的存在停止了。再一次，那是有逻辑性的，因为思想说我被局限了。而我不会再制造更加局限的"我"。它意识到这点，并离开了。

普：谈到了制造着"我"的思想就是局限……

克：思想制造了"我"，"我"意识到它是被局限的，因此停止存在。

莫：这是什么时候发生的？我究竟为什么要将发生的事情命名为思想？

克：我没有命名任何事物。我意识到思想是过去的反映。"我"是由许多不同的思想添加构成的。属于过去的思想制造了"我"。"我"是过去。"我"计划着未来。这整个现象是一件非常渺小的事情。就是那样了。下一个问题是什么？

莫：这种绝望的状态与神有什么关系呢？

克：这不是一种绝望的状态。相反地，你引入了绝望的概念。是因为思想说它无法超越自己，因此它绝望。思想意识到，无论它采取什么样的运动，它始终在时间的领域之内，不论它称之为"绝望""满足""快乐"还是"恐惧"。

莫：因此意识到局限是一种绝望状态。

克：不，是你在引入绝望。我只是在说绝望是思想的一部分；希望是思想的一部分；我产生的任何运动——绝望、快乐、恐惧、依附、超脱——都是思想的运动。当思想意识到这一切都是它自己以不同形式进行的运动时，它就停止。现在让我们继续深入。

普：我想要问你一个问题。你说过，在没有"我"的情况下，有某种东西继续存在。那么是什么或者谁在继续深入呢？

克：我们已经离开了"神"这个词。

普：如果我对"神"这个词语的使用仅限于在思想的领域内，那么我会把它放到一边。现在我正是如此。因此，我说如果作为"我"的思想已经终结，那么探究的工具是什么？

克：我们已经到达一个不存在思想运动的点。就像我们现在所做的一样，如此深入、彻底和有逻辑性地探究它本身，思想已经结束了。现在，我们的问题是，此时形成的新要素将用来进行进一步的探究，这要素是什么？或者说新的探索工具是什么？它不是旧的工具，对吗？智力，除了它敏锐的思想和客观性之外，还制造了巨大的困惑；那一切都被否定了。

普：思想是词语和含义。如果在意识中存在没有词语与含义的运动，那么就有其他的事物在运作。那又是什么呢？

克：我们已经说过，思想是过去，思想是词语，思想是含义，思想是苦难的结果。思想说我曾尝试去探究，而我的探究致使我看到了自己的局限。下一个问题是什么？那么什么是探究？如果你清楚地看到了局限，那么会发生什么？

普：只有看到。

克：不，看是视觉上的，感官的看到依赖于词语和含义。

普：在我们谈过之后，只有看在运作。

克：我想要讲清楚。你说存在感官知觉，但是我们已经超越了它。

普：当我们使用"看"这个词时，它是否描述了所有感官工具都在运作的一种状态？

克：完全正确。

普：如果每次只有一个工具在运作，那么它就受思想约束。当只有看没有听的时候，那个看就受思想约束。但是当所有的感官工具都在运作时，那么就没有约束。那就是我们唯一知道的。那是存在。否则就会是死亡。

克：这一点我们达成了一致，下一个问题是什么？什么是观察？什么是探究？什么在探究？要探究什么？对吗？你们要说什么呢？你们都沉默了。

普：当思想终结，就再没有什么要探究的了。

克：当思想终结，还有什么要探究的呢？谁是探究者？探究的结果又是什么？你的问题是"有什么要探究的"，还是"什么是探究的工具"？

普：人们总是把探究看作是向一点运动。

克：它是前进运动吗？

普：我们尝试探究神、真理，但是因为思想停止了，也就没有指示运动方向的一点了。

（二）人类能量因思想状态而变化

克：慢慢来，不要说任何绝对的事情。你所能说的是没有运动，没有前进运动。前进运动意味着思想和时间。那是我要尝试领会的全部。当你完全否定了那些，否定了向外或向内的运动时，那么会发生什么？

现在我们开始了一种完全不同的探究。首先，头脑意识到，它需要秩序和安全，才能清楚、愉快和轻松地运作。那是它的基本要求。现在头脑意识到任何从它自己产生的运动都在时间的领域内，因此都在思想的领域内；究竟是否存在运动呢？或者是否存在一种完全不同的运动，性质上完全不同的运动，它与时间、过程和向前或向后的运动都不相关呢？

现在问题是是否存在其他运动？是否存在与时间不相关的事物？大脑所思考的任何内外运动都在时间的领域内。我看到了这一点。大脑意识到尽管它也许认为它是无限扩展的，可它依旧很狭隘。

是否存在与思想无关的运动呢？这个问题是由大脑提出的，而不是某个更高级的主体。大脑意识到任何在时间中的运动都是悲伤。因此它弃绝所有的运动。然后它问自己，是否存在它真正不知道的、从未尝试过的其他运动？

这意味着需要再次回到能量的问题。我们已经把能量分为人类能量和宇宙能量。你理解我的意思吗？你看到这一点了吗？我总是认为能量的运动是处于局限的领域内，并把它和宇宙、宇宙能量分开。现在这种对抗结束了。思想意识到它的局限，因此，人类能量变成了完全不同的事物。

把能量分为宇宙能量和人类能量的划分是由思想提出的。划分停止了，就引入了另外的因素。对于本身不存在中心的大脑来说，就不存在划分。那么要探究什么？用什么工具去探究呢？

探究是存在的，但并不是我过去习惯的探究——智力和推理的运动和所有其他的运动。这种探究不是直觉的。现在，大脑意识到在它本身不存在划分。因此，大脑并没有把自己划分成宇宙的大脑、人类的大脑、性的大脑、科学的大脑、商业的大脑。能量没有被划分。

这样一来，发生了什么？我们一开始提出的问题是：思想是否是物质的？思想是物质的，因为大脑是物质；思想是物质的结果；思想也许是抽象的，但是它是物质的结果。它显然是。几乎没有例外。

莫：身体的意义是意识；那么存在的意义是什么？

克：这个房间有什么意义？空无，因为四面墙创造了这个空无，在那空无之中，我可以放一把椅子，使用这个房间。

莫：这个房间有意义，因为普普尔住在里面。

克：这里有装饰、生活、恐惧、希望和争吵。

莫：什么是意识？你说它就是内容，但我在问更深的事情，关于它的意义，而不是描述。

克：莫里斯在问更深的事情。他问：我的存在有何意义？根本没有意义。

莫：你从来没有自己想要有某种意义这样的问题吗？克里希那穆提有何意义？你能够否定自我吗？然后你就被终止了。内在的自我、检查者、存在、意识、身体；还有更多。那是抽象的灵魂；最终是每件事物都围绕着的灵魂。你能够否定它吗？

克：灵魂是"我"。

普：那就是困难之处。莫里斯的问题是正确的，因为自我是最难否定的事物。如果你尝试去否定"自我"，那么你永远办不到。但是如果你按照我们刚刚做的那样进行下去，那就是所有需要做的事情。

莫：这一切是什么意思？为什么"我"要结束？原子的意义是生物体，生物体的意义是意识。它为什么要在那里停止呢？

克：它没有在那里停止。只有当思想意识到自己的局限时，它才停止。让我们回过头来。什么是探究的工具——在其中没有分离，没有探究者和被探究者的工具？我认为思想真的没有意义。它只有在很小的领域内才有意义。现在我们问，那里还有什么可去发现的——不是作为一名发现者去发现某事。既不向内也不向外的运动是什么？它是死亡吗？它是对所有事情的全部否定吗？然后会发生什么？

我们将意识和意识的内容——绝望、失败、成功——都包括在思想中，当思想结束，接下来会发生什么呢？大脑记录的部分依然在继续。它必须继续，否则，它就会疯掉。但是整个大脑是完全安静的。思想再也没有进入那个领域。事实上，思想进入大脑中非常小的一部分领域中。

普：事实是我们仅使用了自己大脑的百万分之一。

克：还存在着另一部分大脑。

莫：我们没有理由假设没有被使用的那一部分大脑能比其他有意识的部分更重要。

克：不，一定要看看它。

莫：即使从生物学上来讲，你也是不对的。可用大脑的大小决定了意识的延展度。如果你使用的大脑更多，那么意识就会更多。

克：旧的大脑非常受限。完整的大脑是还没有被使用的新大脑。它的本质是新的；受局限的思想在有限的领域内运作。旧大脑没有活动，因为局限停止了。

普：因此你是说：如果你看到大脑的一小部分受限，局限就停止了。

克：不，局限还在继续。

普：但是因为这部分大脑没有僭越整体，也没有限制自己，这样一来，剩余的未使用的大脑便开始运作。然后这又成为一个完全唯物的立场。

克：同意，请继续。

普：就这些。没有更多要讨论的了。

莫：我有异议。即使整个大脑被完全使用，它将仍然只是意识；它将是一个被无限扩展的意识。

克：这取决于是否存在一个中心。

德：如果存在一个中心，那么你不会使用"另一个"一词。

莫：我们以前只在被限制的领域中运作。现在如果你转向"另一个"，你怎么知道意识没有聚焦倾向呢？

克：当思想以痛苦、绝望、成功的形式运作的时候，当思想作为"我"运作的时候，聚焦就发生。当"我"安静时，意识又在哪里？

莫：在那之后的一切都将变成猜测。你假定唯一可以投射出中心的因素是失望、伤害。你假定思想被局限并投射自身。为什么作为"我"的焦点要依赖于局限呢？

克：当思想运作的时候，聚焦就发生。

普：如果思想和它的词语及含义停止，接下来无论什么在运作，都不会被认作是词语及含义。

莫：你在缩小讨论范围。我仍在合理地质疑挫折是唯一的聚焦点。

（三）局部的安静与完整的寂静

克：我所说的包含了一切，不仅仅是挫折，而是在时间领域中的一切事物。现在我看到脑细胞在很小的时间领域内运作，那个小领域和它的局限的能量制造了所有的不幸。旧的大脑变得安静。我们称之为寂静的是局限变得静止。它的噪声停止了，剩下了局限的静止。当思想意识到那点，那么大脑本身，整个大脑，就变得寂静。

普：然而它记录。

克：当然。

普：存在仍继续。

克：存在，但没有任何延续性。然后呢？整个大脑，而不只是被局限的部分，变得寂静。

莫：对我们而言这是一样的。

普：如果你不知道"另一个"，并且"另一个"也没有运作，那么对我们而言变得安静的只是局限。

克：因此，那个安静不是寂静。

普：那是你引入的新事物。

德：你为什么说我们没有在使用整个大脑呢？

莫：我说的是我的整个大脑都在运作，但是我没有意识到，因为我把自己禁锢在局限的领域中了。

克：首先停止思想活动，然后看看会发生什么。

德：当思想运动停止，事情自己发生，对随后将发生什么的质询还需要吗？

普：我想要问一个问题。你说过作为思想的"我"的局限的结束，不是寂静。

克：那就是它的美。

普：让我来感受一下。请你再说一次。

克：当带有局限的思想说它是安静的时候，它并不安静。只有当整个大脑都静止时，寂静才发生；是整个大脑，而不只是它的一部分。

莫：为什么整个大脑要变得安静？

克：整个大脑始终是安静的。我所称的寂静是"我"的结束；是到处喋喋不休的思想的结束。四处的喋喋不休已经完全停止。当聒噪结束，会产生一种安静的感觉，但是那还不是寂静。当整个头脑，大脑，尽管还在记录但却都完全安静时，寂静才发生，因为能量是寂静的。它可以爆发，但是能量的本质是寂静的。

那么，只有当悲伤没有运动时，热情才存在。你明白我所说的话了吗？悲伤是能量。当存在悲伤，通过理解它和压抑它，就存在逃离悲伤的运动，但当悲伤中根本不存在运动的话，就会有转向热情的爆发。同样，当没有向内或者向外的运动时，当没有受限制的"我"为了达到更多的目的而为自己制造出来的运动时，同样的事情也就会发生。当存在绝对的、完全的寂静，因此没有任何种类的运动时，当它完全安静时，就会存在完全不同种类的爆发，那就是……

普：是神。

克：我拒绝使用"神"这个词语。但是这个状态不是一种发明，它不是由狡猾的思想拼凑出来的一件事物，因为现在思想完全没有运动。那就是为什么去探索思想而不是"另一个"，显得这么重要。

1971 年 2 月 9 日

二十六　能量、熵^①与生命

（一）寻找无限持续的生命能量

德：前几天，我们探讨了神。我们也探讨了能量。你还提到人类能量和宇宙能量。我将从科学的立场来论述。科学家们衡量过能量并且得出了一个公式：$E=MC^2$，一个奇妙的等式。这是物质能量。生物学家也证实了生命能量是反熵的，就是说物质能量消耗自己，生命能量则不会。因此这种反熵的运动，与逐渐消耗并最终消失在绝对的一致性中的物质的能量流，是相对立的。人类往往会随着熵的能量一起运动并衰减。科学家甚至已经衡量了这个能量的时间跨度。因此，问题是：知晓此事后，人类如何成为反熵能量运动的一部分？

克：人很容易看到，过了一段时间，机械的事物就会自我损耗。

德：可以衡量的事物能够被人的头脑所操纵，那就是为什么会有原子弹的原因。这种能量，这种熵的运动，主宰了今天的世界。我们要如何摆脱它的控制呢？

普：这一点非常重要。如果存在一种不消耗自身的能量运动，它不结束、不衰减，那么从科学家和普通人的角度来看，它可能是解决世

---

① 指体系的混乱程度，在控制论、概率论、数论、天体物理、生命科学等领域都有重要应用，是各领域十分重要的参量。

界上所有问题的答案。

克： 那么你在问什么？人受困于其中的机械衰减运动如何才能结束呢？存在一种相反的运动吗？

德： 而且，那种相反运动的本质是什么？

克： 让我们再次简单地来提出这个问题。人被困于物质能量和机械能量中；他被科技、被思想运动所捕获——你看到问题的关键所在了吗？

德： 没有。

克： 存在一个包括整个科技知识的领域和在那个知识领域内的运动；那是人生存的领域，它对人有极大的影响力，引导着人，吸纳着人；科学家衡量过那种运动，那种运动是衰减的运动，是浪费的运动。同时，科学家发现存在一种相反方向的能量运动，是创造性能量；真正的人类能量是非机械化的，非技术性的。现在，问题是什么？

德： 现代生物学家赫胥黎[①]（Huxley）和德日进认为，人由最小的细胞发展而来，在人身上出现了意识；作为一个主体，人可以认识到整个进化过程。

普： 由此产生了另一个非常有趣的事实。查汀说下一步飞跃是通过"一个看的过程"，那和传统的"觉察"相同。我认为探究这个词很重要，它在印度有非常厚重的传统意义。

克： 如果我们能够探索衰减的过程，即机械的、熵的能量，那么我们会涉及这一点。我们也在努力寻找非机械的生命能量。这种能量是

[①]　托马斯·赫胥黎(1825—1895)，英国著名博物学家，达尔文进化论的杰出代表。

什么？

德： 生物学家说这种能量蕴含在文化的发展中，在人类的命运中，而不是蕴含在新涌现出的物种中。

阿： 现代人在许多不同层面都面临这个问题。在人造卫星上天后，人们又有了一种新的衡量宇宙的方法。我们称它为可衡量的无限。但是人也同样知道存在不可衡量的无限。

克： 确实。他们已经衡量了思想，衡量了记忆。

莫： 你说这句话是什么意思？

克： 意思就是思想的电脉冲是可衡量的。

莫： 思想是熵的量度。

普： 只有存在起点和终点的事物才能被衡量。

克： 因此存在一种运动，其本身最终导致衰减。

莫： 它也导致光芒，那是熵的终结。存在两种运动——一种是机械运动，一种是反机械运动。

阿： 当谈及意识时，生物学家的方法是非常试探性的。他们一谈到生命能量，就不能像谈论别的能量那样精确了。有这样一种认识，说反熵是未知的，是不可定义的。有了存在"另一个"这个说法之后，"另一个"依然是未知的。

德： 有一点可以肯定，即生命能量和熵的能量不是向同一方向运动的。

阿： 让我们把生命能量运动当作对我们而言未知的事物。我们无法操纵它。在衡量中，人逐渐意识到他体内的整个进化过程，他开始觉察到意识。

普： 我认为我们在绕圈子。可观察到的事情是，人出生、生活并死亡。能量开始和终结的循环运动现象是可见的，并且深深植根于我们的意识结构中——事物出现、消失，这是能量的两种显示方式。是否存在一种与出现和消失无关的能量呢？

克： 这是一回事。我们是否接受存在着能量的开始和结束？

莫： 个体也许有开始或者终结，但是生命不是这样。它创造。

克： 还不要谈到个人。存在着一种机械的、可衡量的、可终结的能量运动。也存在另一种你无法操纵的、无限持续的生命能量。我们看到，在一种情况下，存在能量的浪费，而在另一种情况下则没有能量的浪费。

莫： 我不认为"另一种情况"是事实。

克： 好吧。让我们来看看能量的运动，即能量的消长。是否存在着其他形式的能量，它永远不停止，与那种开始、继续然后消散的能量无关？我们要如何才能找到这种能量呢？我已经发现了它。什么是衰减的能量？

普： 物质能量衰减。它为什么衰减呢？因为摩擦力吗？

德： 因为压力？

莫： 事实是存在克服摩擦力的能量和在摩擦力中消耗的能量。

普： 你说存在一种在摩擦中衰减的能量。我说它的本质就是摩擦。我们称为能量的所有运动，其本身就是摩擦。如果你认为不是，你说说为什么不是。

德： 能量是克服阻力的生物性能；但是在这个过程中它消耗自己。

克： 就像一台机器。

普： 因此它表现为摩擦。

克： 让我们深入去探究。任何能量在遇到阻力时都会耗尽自身。比如一辆动力不足却在爬坡的车，通过机器产生的能量将会消耗殆尽。是否存在一种无论上坡、下坡、平行、还是垂直运动都不会耗尽的能量？是否存在一种本身没有摩擦的能量，在遇到阻力时不会认出阻力与摩擦？那是它的另一个因素。能量同样也通过阻力和操控而形成。

普： 当能量成形的时候……

克： 不要那样说。

普： 为什么，先生，人的有机体就是一种具体化。

（二）时间之内与时间之外的人类能量

克： 人体是一个能量场，但是不要使用"具体化"这个词。我很简单地来说。遇到阻力的能量耗尽了自身。在那整个领域中，有一种通过阻力、冲突、暴力、消长和时间过程引发的能量。现在我们在问，是否存在不属于这个领域、不在时间内的另一种能量？

阿： 传统称之为"永恒之箭"。

莫： 你问的是是否存在一种不可抵抗的能量吗？

克： 不。我只知道处于时间领域内的能量。它也许跨越了千万年，但是它始终在时间的领域内。那就是我们人类所知道的一切。作为人类，我们质疑是否存在一种时间领域之外的能量？

莫：你的意思是，它是没有经历任何变形的能量？

克：看。我知道能量，知道它的起因和结束。我知道的能量是对阻力的克服，我知道悲伤的能量、冲突的能量、希望的能量、绝望的能量。它们都在时间的领域内。那就是我全部的意识。我在问是否存在一种不受时间束缚的能量，根本不在时间的领域中？是否存在通过时间领域，然而却未被时间触及的能量？这非常有趣。这个问题人们问了几个世纪，却仍没有找到答案，他假定有神，并且把神放置到时间的领域之外。

（停顿）

但是把神放到时间之外就是把神请到时间之内。因此那一切都是意识的一部分。那会衰减。它衰减——如果我可以使用这个词的话——因为它是时间范畴的、是可分的。我同样可分的头脑想要找到一种永恒的能量，因此它假定了一种它称之为"神"的能量，并膜拜它。那一切都在时间的领域内。因此我问，是否存在任何不属于时间领域的能量？我们能深入探究一下吗？

德：好的。

克：我要如何才能找到它呢？我拒绝神，因为它在时间的领域内。我拒绝超我、本我、梵、灵魂、天堂，因为它们都在时间的领域中。现在你问，是否存在一种永恒的能量？是的，先生，它存在。我们能深入其中吗？

德：好的，先生。

克：我要如何才能找到呢？意识必须清空它的由时间制造的内容，不是吗？

普：我可以问个问题吗？清空整个意识与看到整个意识不是一回事吗？

克：是一回事。我同意。我认为自己还没说清楚。存在一个清空整个意识的事实；也存在看到整体及其全部内容的另一个事实。即看到时间领域的整个状态；现在看到时间的整个领域。那种看到是什么意思？

那种看到与时间的领域不同吗？或者那种看到已经把自己与时间领域分离开来？我们所谓的观察，是与时间相分离的看到，观察时间的领域并且认为那种看到是自由的。

德：是的，先生。这种观察假定有一个观察者存在。

克：我们回到同样的事情上。所以问题产生了，什么是整体的看？我从逻辑上看，从语言上看；我理解人类的整个意识。意识的全部就是它的内容，而它的内容已经经过时间的积累，经过文化、宗教、知识的积累。无论内容扩展还是缩小，它都在时间的领域内。它是在时间中的意识的运动。意识就是时间本身。你如何认为呢？德什潘德先生，时间是意识吗？

德：除了意识，我没有其他工具。

克：我知道。我看到意识是时间。因为意识的内容是意识，这个内容经过了数个世纪的积累。

德：意识是冲突，是摩擦。

克：我们知道。我的头脑如何才能够看到整个时间领域并且不再属于这个领域呢？那就是问题。否则，头脑不能够看。全然的观察一定是不受时间束缚的。是否存在时间之外的观察？你怎么认为？

德：那就是我们的问题。

克：如果它不在时间中，那么观察就是生命运动。观察本身是生命运动。

德：从逻辑上来看，是那样的。

阿：我们可以说观察本身是生命运动吗？我对它一无所知。

克：处于时间中的我的头脑，由时间中的经验和知识所累积的印象构成的头脑，作为意识的内容，可以与那整个时间的领域分离吗？或者，是否存在一种不在时间之中、并因此能看到整体的观察呢？

普：阿克尤特是对的。我不能仅仅假定"另一个"。

阿：在我假定"另一个"的时候，它变成了《奥义书》中的神。我所能说的就是，看到所有的意识都处于时间之中，我可以与之共处，我就是它。

克：你就是它。有人过来告诉你，在时间领域内的运动是可衡量的，他问是否存在一种看到意识的整体即时间的观察？他没有告诉你那是否存在。是否有这样一种观察？那是一个合理的问题。

普：我可以说两句吗？我看到你，看到这个房间，我看到自己意识的内部。再也没有比那更多的了。我可以看。那是一件具体的事情。看是具体的。

克：我们在浪费时间吗？

普：我们没有。我们需要具体。这就是看。

克：我明白普普尔所说的。我坐在这个房间里。我看到房间的里面，我自己在里面。我自己是观察者，认识到房间的比例和空间，我通过由时间构成的意识来看这一切。观察者和被观察的事物都在时间的领域中。就这些。当观察者发明出某事物，这事物依旧在时间的领域中。所以任何运动都在时间中，那就是我所知道的一切。那是个事实。但是了解它之后，就有人问：是否存在着不在时间中的运动？你理解我的问题吗？

普：我不理解。

克：你可以问自己这个问题。把这个问题放到自己身上是合理的。

普：提出这个问题是一个事实，但是这并不赋予这个问题合理性。

德：问题有时意味着一些超出事实的事情。

克：我从这个问题继续：头脑可以看到它自己的全部吗？头脑可以将自己看作时间的领域吗——而不是看作时间领域的观察者？头脑本身可以完全明白，并因此把意识看作时间吗？这非常简单。

普：我不明白。在把意识看作时间时涉及什么？当我观察思想时，我把它看作流动。我看到运动。我把思想看作运动。我意识到一个已经存在的思想，继而又意识到另一个已经存在的思想，如此反复。我把这些聚集到一起并且说这是运动。当克里希那吉说"观察这个房间"时，我观察这个房间，但是没有对时间的觉察。这是活生生的现在吗？

克：你想要说什么，普普尔？

普：我无法接受你关于对意识的观察是一种时间运动的说法。如果我们不引入具体的实际的看，那么我们就会移向概念的领域。

克：你的意思是说当你走进一间房间，你看到房间的比例、空间、颜色等，然后你用同样的感觉去观察你自己的意识。

普：然后我看到阿克尤特在讲话。我把这两种观察联系起来，然后思想引入时间。除了这种联系之外，并没有时间的感觉。

克：如果有观察，就没有时间。我在看，所以不存在时间。

普：你的问题是"你看到意识就是时间的全部内容吗？"我质疑那种说法——我想要非常仔细地去探究它。

克：我的头脑是时间的结果——是记忆、经历、知识的结果。我的意识在时间的领域中。我是如何才能看到意识的全部内容都在时间领域中的呢？

普：因为记忆，因为思想。

克：一个是公式、是结论、是陈述，而另一个是一种探索的过程。

普：我发现它很难。你知道你在问什么吗，先生？你要我们去观察抽象。抽象可以被观察吗？当思想不存在的时候，"现状"就变成了一种观点，一种抽象。

克：等一下。你已经得出了你的结论。当你说那是抽象的时候，它就是一个结论。我还没有得出任何结论。

普：我问自己，当我接受意识是时间的产物时，它是一个陈述呢，还是我看到的事物？

克：它是一个我所接受的、有语言意义的、并因此成为结论的说法呢，还是一个如同这个房间一样真切的事实？即我的整个大脑、我的整个意识是这个广阔的时间领域，它是那样具体吗？

普： 它如何像事实一样具体？

克： 我将立刻展示给你。我看到结论不是事实，因为思想进入了其中。思想听到这个说法，接受它，把它定做公式并且坚持这个公式。那是抽象。公式是由思想制造的抽象事物，因此它是冲突的原因。它有着冲突的本质。我非常清楚地看到这点。那么，是否存在与思想、与像大脑这样的时间领域无关的洞察呢？公式是最僵死的事物。公式与概念都是思想的产物，因此，都在时间的领域中。

普： 究竟为什么有必要去做出这个绝对的论述呢？为什么必须去做出绝对的、有限的说法？

克： 我将立刻展示给你。我在探询时间的领域。我们说过，时间就是意识。时间是历经无数个世纪的经验的结果。那是我的意识，意识是由所有的内容组成的。我听到你那样讲，思想记录了它并且把它固定为公式。我看到那个公式本身处于时间之中，那个公式是摩擦的因素。因此我不去触碰它。我已经否定了它。现在我问自己，我已经否定了它吗？还是我依然在思考，只是觉得我已经否定了它？我还在寻找不在时间领域内的一个事实吗？（停顿）

我发现了某些事情——当思想运作时，它一定在时间的领域内。它一定达成了一个结论，而这个结论是意识的一部分。就这些。现在，我问自己，有没有任何思想运动，还是我自己假装没有任何思想运动，只有观察？当我进入这个房间，我只是看，没有思想运动。当思想进入的瞬间，它就进入了时间的领域。现在我要问，当头脑深陷于模式中时，它会用"没有公式"来欺骗自己吗？公式的含义是思想，即意识。抑或存在一种与思想完全无关的观察？我只知道一切意识都在时间的领域中，思想是意识。

因此，我在探询——我不想欺骗自己，我不想装作我已经得到了某些我没有得到的事物。我看到，只要思想一产生，它一定制造出公式，公式处于时间的领域之中。意识的全部是时间。我听到你这样说。那么，这是一个我已经接受的公式呢，还是一个事实呢——即看到了思想全部运动的事实？

普：你所使用的这些词语是什么含义——"思想的全部运动"——这些词是什么含义？当你问我们是否把它作为公式来接受，我既不把它当作公式，也不把它当作事实。它什么都不是。

克：但是通过倾听、检验、探究，你说"是这样的"。这不是一个接受的问题。现在，更进一步。"是这样的"是对一种观念的接受吗？因此，它是智力上的认识，因而依旧处于时间的领域中吗？

普：我永远无法对你或我自己回答那个问题。

克：我在问。

普：我回答什么才好呢？

克：你没有问那个问题。你对它一无所知。我想要知道，作为时间结果的头脑，听到了那个说法，是否把它作为一个结论、一个公式接受并因此依旧处于时间中；还是它看到了真相、事实。

然后发生了什么呢？它是一个事实。当思想不产生，什么都不必谈。我看到房间，但是在思想说这个房间有比例、颜色、美的那一瞬间，时间就进入了——你明白吗？同样的，只有当思想运作的时候，整个时间领域才存在。

那么，我是在假装思想完全不在呢，抑或它是一个我们可以觉察的事实？然后会发生什么？没有任何时间的干扰，我觉察到这个房间。

普：在这一刻，你觉察到了什么呢？

克：作为时间结果的头脑，听到你所说的，把那接受为一个公式，并且说"是的"。接受是一个结论——那是思想的运作。因此，在那种意义上，我看到时间依然在运作。那么，存在没有思想的观察吗？那会发生什么呢？

普：在那一刻你看到了什么？（停顿）

克：（做了一个手势，一只手拂过另一只手）什么都没有。就是那样。这在逻辑上是正确的。

阿：无论我们听到什么，在下一刻都成为记忆。

克：我根本不关心你。原谅我。我不关心你是否看到了。我对你说我要去探究。我正在探究。你只是在坚持公式。我看到这个事实。我是在通过公式去观察公式吗？还是在不带有思想运动、不带有公式地观察？然后普普尔问我，在那种状态下要去观察什么呢？什么都没有，因为它不在时间之中。那是生命能量的因素。

莫：你刚刚描述的状态可以被称作思想的熵，在这种状态下不再存在运动。

克：你没有在探索。

莫：它没有在这里停止。是你停止了它。

普： 我想要问另一个问题。你说那里什么都没有。那么存在运动吗？

克： 你说的运动是什么意思？

普： 从这里到那里的通路。

克： 那是可衡量、可比较的。可衡量的运动是在时间的领域中。你问我在空无中是否存在运动。如果我说存在运动，你就会告诉我，它是可衡量的，因此，它也就在时间之中了。

普： 那么在空无中也存在运动。

克： 那意味着什么呢？时间的运动是一件事，空无的运动不在时间中，因此是不可衡量的。但是它拥有它自己的运动，这种运动只有当你离开时间的运动才能够理解。那是无限的，那种运动是无限的。

1971 年 2 月 11 日

二十七 智慧与工具

（一）有智慧的头脑知道怎样使用和不使用知识

普： 我想要问你，克里希那吉，有没有一个个人都需要提出的问题，就像打开真相之门，所有的问题都可以被归结到那一个问题上？

莫： 有像一扇门一样的事物吗？对于无法比喻的事情，我们不能提出那样的问题。

克： 我想她的意思指的是一种开启、一种突破。

莫： 从你自己的经验来看，什么是突破？对我们而言，没有借鉴。

克： 问题是什么？

普： 在过去的几天里，我们已经讨论了很多问题。这一切问题能够集中成为一个问题吗？

克： 我想可以的。

莫： 我不会那样讲。我到你这里来是因为在你身上有一种不可估量的品质，一个微小的萌芽都会使你变得截然不同。我不会在外在表现中寻找不同，但是在你身上存在"他性"。是否存在开启它的一把钥匙？是否存在一个能够开启它的问题？

芭： 我能不能问，是什么阻碍人们去看？我们面临着这样的困难。昨天晚上，当我们听克里希那吉谈话时，我们感觉自己可以准备好做任何事情，如果我们内心想要去做的话。你所说的全部事情能否被纳入一个问题中呢？对你而言，它是非常简单的一件事。你具有惊人能力，能够把多元化转变成为一件单一的事情。这种转变没有在我们身上发生。有没有什么行动可以使所有的问题融汇成一个问题呢？

普： 我有一个更进一步的问题。在过去的几天里，克里希那吉一直在说存在一个区域，在这个区域中思想是必需的，而同样也存在另一个区域，在其中思想没有位置。是什么工具、怎样的机制使得思想能够只在适宜的地方运作，而不去侵犯它不应该运作的领域，因为在那里它会制造幻觉？

克： 现在问题是什么？

普： 这是如何发生的？工具是什么？我们已经用显微镜探究过自己的头脑。现在我们问，当思想停止运作，当没有意志的评估和运作、没有施动者、没有人指导与命令时，头脑在谁的命令下运作呢？

克： 我想克里希那穆提昨天已经解释了，那是智慧。

德： 那是同一回事。智慧是工具。

克： 让我们好好来看"智慧"这个词。对于可以在适当的广阔领域使用知识，但拒绝在其他领域使用知识的头脑来说，智慧是它的品质。

莫： 你和我之间存在着差别。那差别是智慧的程度吗？或者是在你身上还有其他的因素在起作用？

克： 普普尔问了一个问题，什么是生命中最根本的需求？并且她进一步询问，思想能否在必要时才在整个知识领域中理智而有效地运作，而不在会引起混乱、痛苦的其他领域中运作。那么是什么事物可以防止思想去运作，使得它不至于制造痛苦呢？

我们可以用不同的方式去处理这个问题吗？整个头脑能否清空它其中的每一件事情，清空知识和非知识吗？它能够摆脱科学和语言的知识以及一直以来都在运作的思想机制吗？头脑能够清空那一切吗？我不知道我是否说清楚了。头脑能够不仅从意识层面更是从头脑深处的密室清空它自己吗？从那种空无中，知识能否运作？并且，它能否停住不运作？

芭：那就是一个关于空无的问题了？

克：让我们来看。作为过去的头脑能否清空它自己的全部内容，这样它就没有了动机？它能够清空自己吗？并且，那种空无能够使用知识，拣起、使用然后再放下它，但始终保持空无的状态吗？

空无是一种"头脑微不足道"的感觉，它有自己的运动，那是不能依据时间来衡量的。空无中的运动，是非时间的运动，它能够在知识的领域内运作，而再没有其他的运作。那种运动只能够在知识的领域中发生，再没有其他地方。

普：它们是两种运动吗？

克：没有两种运动。那就是为什么我说那种运动只能在知识中发生。请跟上。我只是在探索。你问了一个问题。克里希那穆提谈到过知识和从知识中解脱：知识在科学领域运作，那里必须有某种意志、方向、运转的功能以及设计，知识不在没有思想和意志的位置的地方运作。

莫：看起来好像有时我们是有目的地工作，有时是无目的地工作。我能看到有时我做一些我并不知道自己在做的事情。因此存在这样两种行动：精神上的和非精神上的。两者的运动没有分开。

克：观察你自己的头脑，莫里斯，你看到思想总是在知识的领域中运作。知识帮助人们生活得更加舒适。是吗？知识同样会带来痛苦、不幸和困惑。这是事实。

莫：我反对你使用"总是"一词。

克：等一下。然后你和我问：思想是必需的吗？它为什么会制造痛苦？思想能否不制造痛苦呢？就是那样了。事情就是这么简单。

莫：我的回答是我们不知道痛苦的根源。我并不知道造成痛苦的推动因素。

克：我们从表层开始。现在我们要进入头脑的密室中。

普：当然，我们不是假设一种意识状态，在这种意识状态下，思想将仅在技术层面和日常行动的层面运作，在这里，思想是必需的，并且能够通过某种技术或电击，使得所有其他像思想这样的意识可以被抹去，我们显然不是那样假定的。

克：当然不是。

普：但是先生，当你谈到思想在一处地方能够合理地运作和思想在另一处地方没有合理位置的时候，你就是在假定"另一个"——一种非思想的状态。如果意识只是内容，那么"另一个"是什么？

德：通过前脑叶白质切除术①，我可以进入一种恒定的幸福状态。那样就足够了吗？

_____

① 前脑叶白质切除术是一种神经外科手术，曾经于20世纪30年代到50年代用来医治一些精神病。这是当年一种针对不服从管理的精神病患者的很残酷的手术，大脑额叶掌控人性格的形成，切除后人会变成"安静的白痴"。

克：那样你就变成了植物人。

莫：我质疑你关于思想是意识的观点。思想是意识的全部吗？我们可以说在思想之外没有意识吗？

克：所以我们需要去探究意识的问题。

芭：我们在走回头路。你以不同的方式使用"智慧"一词。这个词是关键，如果我们知道它是什么的话。

普：但是这同样也是一个正当的问题：如果意识即其内容，意识的内容即思想，那么把思想切断，就可以解决问题吗？

克：不。

普：那么什么是"另一个"？

莫：智慧与意识不同。我们必须区分两者。智慧比意识更加广阔。我们可以有无意识的智慧。

普：什么是意识？

克：什么是意识？存在着头脑浅层的清醒的意识，也存在着隐藏的意识。而我们对更深层面的觉察完全缺失。

普：我要说，克里希那吉，存在着思想在其中运作的意识，存在着关注和看的意识，以及没有意识到思想的意识。我能看到这三种状态在我身上的运作。

克：等等。是记忆——思想、行动这样的记忆的运作，然后是关注——一种不存在思想者的关注状态。所以你说存在着思想和记忆的运作——已经如何并将要如何。然后存在一种关注的状态和一种既没有关注也没有思想的状态，一种半睡眠的感觉。

普：半睡半醒。

克：你称这一切为意识，是这样吗？

普：在所有这些状态中，无论有意识地还是无意识地，感官知觉都在运作。

莫：不要引入无意识。不要称无意识为一种意识。

德：我想要问我们能不能把梦也同样包含其中，那是无意识的部分。

莫：梦之所以是梦，是因为它们成为意识。

普：人们一天中的大部分时间都处于这种状态，形象在脑海中进进出出，那依旧是意识。

莫：我的观点是：意识是拼凑的，它不是一个连续的现象。

克：我们能够这样开始吗？我只是尝试性地探讨——存在着意识，宽泛的或狭隘的，深刻的或肤浅的。只要存在一个意识到自身的中心，那个中心就可以扩展或者收缩。那个中心说它知道或者不知道。那个中心可以企图超越它在自己周围设置的界限。那个中心的根基扎于深处并在浅层运作。那一切都是意识。在那其中一定存在一个中心。

普：意识在记录。它是区分生与死的状态的唯一事物。只要记录存在，就没有死亡。

克：我们是在推测吗？看，让我们简单地开始。你真正有意识是在什么时候？

普： 当我清醒的时候，当我知道的时候。

克： 我可以简单地开始。我是什么时候有意识呢？

普： 我意识到这场讨论。

克： 让我们简单一点。我什么时候有意识呢？或者是通过感觉的反应，或者是通过感觉的震动，感觉的抗拒，感觉的危险，一种有着痛苦和快乐的冲突。只有在那些时刻，我说我有意识。我知道那盏灯的设计；我看到存在一种反应，我说它美或者说它丑。一切的基础不就是这样吗？我不想推测。我问自己"我什么时候有意识？"当我受到挑战，当存在冲突、痛苦、快乐的影响，我就有了意识。整个过程在继续，无论是否在刻意觉察，它总是在运作着。那就是我们所谓的意识。

莫： 对影响的反应。

普： 你的意思是没有摄影式的意识。我看到一个垃圾箱……

克： 但是你正在看它。头脑在记录它。脑细胞在接收所有这些影响。

莫： 那里不存在像痛苦、快乐这样的分类吗？

克： 像快乐、痛苦、冲突、悲伤、意识或无意识这样的影响总是在进行着，也许在一瞬间会存在对那一切的觉察，而另一瞬间却可能不存在。但它是一直在进行着的。

普： 这种过程本身是意识，观察的中心同样是意识的一部分。

克： 下一个问题是什么？

芭： 无意识的本质是什么？

克： 它仍是一样的。只是它在更深的层面。

芭：为什么我们没有意识到更深的层面？

克：因为我们总是在浅层非常活跃。

芭：因此表层的密度阻碍了我们对深层的认识。

克：我在表面上制造噪音，就如同在水面游泳。我的下一个问题是什么？

芭：可能整合不同的层次吗？

克：不能。

普：思想和意识的关系是什么？

克：我不理解这个问题，因为思想就是意识。

普：除了思想之外还有其他吗？

克：你为什么要那么问？

普：因为你刚开始时谈到区分思想有正当地位的区域和思想没有正当地位的区域——而你又说思想是意识。

克：慢一点。让我们在这里停一下。第一个问题是，思想是这全部的一部分吗？意识是思想——是痛苦、冲突和记忆。当浅层的意识制造了大量的噪音，你过来问思想和那些噪音之间是什么关系？思想就是那一切。

普：你刚刚已经说过——思想是那一切的一部分。那么余下的是什么？

阿：那一切都是意识。当"我"想要集中的时候，思想就运作。

克：没错。

莫： 当大脑被切除，就不存在思想。

克： 也就是记忆被锁定并瘫痪。我们所描述的一切——记忆和所有那些，都是意识。当我对其中的一部分感兴趣时，思想就开始运作。科学家对物质现象感兴趣，心理学家对他的领域感兴趣，他们都限制了研究的领域。然后思想作为组织者出现。当普普尔问：思想与意识之间有什么关系？我认为那是一个错误的问题。

普： 它为什么是一个错误的问题？

克： 两者之间没有关系，因为那并不是两件事情。思想不是与意识分离的事物。

普： 思想是意识的一部分吗？或者思想是它的全部？

克： 慢慢来。我不想说不真实的事情。

莫： 思想是与意识共存的。让我们不要把它们分开。

克： 普普尔问莫里斯一个非常简单的问题：思想与意识之间是什么关系？

莫： 那是"另一个"。她没有理由把两者分开来探讨。

普： 因为在克里希那吉说的每一件事情中，都假定了"另一个"。思想在科技领域中有正当地位，但是在这个领域之外却没有正当地位。这一点并不足以消除思想。因此"另一个"就被假定了。

阿： 那么，在意识中是否存在一处没有被思想覆盖的区域呢？

普： 正是。

克： 我不确定。我不是说你是错误的。因此继续。

阿：我说在意识中存在没有思想的空间，那是人类遗传的一部分。它就在那里。

克：我不认为在意识中存在任何空间。

普：我想要给你提出另一个问题。当我倾听的时候，不存在思想的运动，但是我是完全有意识的吗？

克：为什么你要称它为有意识？等一等，慢点。阿克尤特说在意识中存在空间。我们需要回答那个问题。

普：无论何时你做出那样的说法，你立刻会说：只要有空间的地方，就会有界限。

阿：我也许用词不当。

克：你用词正确。但是你不认为空间无法被包含在界限、边界和圆圈内。

阿：从某种意义上说，空间被包围在圆形、正方形和三角形当中；但是那不是我们这里所指的空间。

克：存在边界的地方，就不存在空间。

德：按照科学家的说法，时间和空间是联系在一起的。

克：但是如果我们说意识存在空间，那么意识就存在时间。只有当时间存在时，才存在空间。时间是局限。不要称它为空间。从我们使用这个词的意义上来看，空间在意识中不存在。那种空间是别的东西。暂且把它放下。现在下一个问题是什么？

普：如果我们可以从这点着手，我再一次问：思想与意识是什么关系？思想被包含在意识中吗？

克：不要使用"关系"这个词。那意味着两者。思想是意识。不要用其他方式来说。

普：是的，思想是意识，倾听是意识，学习是意识。如果思想是意识，那么思想和作为意识的看之间有关系吗？

克：这样来表述这个问题：头脑是否存在一种根本没有学习的状态？你明白这个问题吗？

普：你现在已经把我们远远地抛在后面了。

莫：存在一些没有意识运作的领域。我们大多数的关系都超出意识所及的范围。我无意识地运作着。

克：我想要慢点来。思想是意识，倾听是意识，学习是意识。听、看、学、记忆和对记忆的反应都是意识的一部分。

普：因此，当这些部分之中的任何一个在运作，而其他部分都不运作时，那么你所说的就可以理解了。那就不存在二元性。现在我们进行下一步。当这些部分中只有一个部分在运作时，那是意识吗？

克：我不会使用"部分"这个词。当思想在某一特定领域之中运作时，不存在二元性。例如，当我用法语或意大利语说几个词时，在那一刻就只是那样。但是，在意识聚焦的过程中，当思想比较不同的运作时，二元性就产生了。我看到日落，在那时它被当作记忆记录下来。思想说：我希望它再发生一次。看看我们发现了什么？——当思想不带有任何动机地简单运作的时候，不存在二元性。

普：让我们不要用一个非个人的事物作为例子，比如日落。让我们用忌妒、忌妒这种思想运动、我的忌妒作为例子。

克：忌妒是二元性的因素。我的妻子看其他男人，我感觉到忌妒，因为我拥有她，她是我的妻子。但是如果我从一开始就明白她不是我的，她是一个和我一样自由的人，那么忌妒就不会产生。

普：我理解那一点。但是思想在意识中产生，它本身并没有二元性。

克：只有当存在动机、衡量和比较的时候才存在二元性。在观察美丽的落日时，看到光和影，并不存在二元性。"美丽"一词也许相对于"丑陋"来讲是二元的，但是我不带有比较地去使用这个词语。当我说我想要再次经历它的时候，就开始了二元过程。就这些。

普：我们有点离题了。

克：我会再次回到我们离开的那一点上。意识是感知、听、看、学习、对那一切的记忆以及记忆的反映。那一切都是意识，无论是否集中。在那意识中，存在时间；时间制造空间，因为它是封闭的。在那其中存在二元性，存在"一定是"和"一定不"的冲突。因为那种意识有边缘和边界，那就是限制，在那其中根本没有真正的空间。让我们在这里停一下。

阿：这里我想要包括另外一个因素进来。许多事情同时注入我的意识。世界上存在着不同人群——比如非洲人、拉丁美洲人的各种观点。存在物理学家的发现、生物学家的发现。我们要怎样才能忽略那一切呢？如果我们只考虑"我"及其来源，那是不够的。经验注入我头脑中的过程是怎样的呢？"我"即思想的运动经由这个过程得到持续的补充和更新。除非我看到这个过程，否则我不明白。

克： 先生，我们说意识领域是一种收缩和扩展运动，一种信息、知识的运动。所有那些在环境中发生的事情，政治变化，等等，是我的一部分；我是环境，环境是我。在那整个领域中存在自我的运动：我喜欢阿拉伯人，我不喜欢犹太人。

阿： 我质疑这一点。人甚至不需要选择站在哪一边。非洲有些自由放纵的部落陷在了军事主义中。

克： 看看发生了什么。殖民主义、从殖民主义中解放、部落，然后是属于这个部落的我对该部落的认同。

阿： 在这片宽阔的版图中，我们看到思想被紧缩为这种我们称之为意识的焦点中。

克： 那一切都是意识。意识通过说"我喜欢""我不喜欢"来制造不幸。我是"我喜欢""我不喜欢"的目击者，因为它是我无法控制的事情的一部分。

阿： 也许是那样，但那不是问题。问题是这种看重"我喜欢"和"我不喜欢"的认同。

克： 我出生于印度这样的环境中——所有的迷信、富有和贫穷、天空、山脉、经济和社会状况，那一切都是我。

阿： 还有全部历史与史前时期的过去。如果你把那一切都包括进去的话，那么选择就消失了。

克： 是的，先生，我就是那一切——过去、现在和投射出的将来；我出生在印度，拥有 5000 年的文化。那就是我的意识。当你说"你是印度教徒，我是穆斯林"时就产生了选择；当存在经由认同而产生的聚焦时，就存在选择。

（二）智慧存在于思想停止运作的地方

普： 让我们回到你刚才所谈的事情——思想在需要知识的领域中运作是正当的，当它在其他的领域中运作时，则会带来悲伤、痛苦、二元性。问题是：你谈到的这另一个状态同样是意识吗？

克： 让我们来探究它。暂时紧贴这个问题。思想有其运作的正当领域，如果它冲入其他领域，就会带来痛苦和苦难。正如我们所知，在这个领域中运作的依旧是意识以及我们放入其中的所有内容。而"另一个"则不是。

普：" 另一个"不是怎样？

克： 它不是思想。

普： 但它是意识吗？我把这个问题再展开一些。感官知觉在运作。看和听在运作。那么为什么你要说它不是意识呢？

克： 我是在没有冲突的意义上说它不是意识。

普： 意识中没有冲突。只有当作为思想的意识在它没有正当地位的领域中运作时，冲突才存在。当思想不在运作的时候，意识中为什么还会存在冲突？

克： 根本不存在冲突。让我们慢点。

普： 那么是什么在运作？

克：是智慧。智慧不是意识。

普：现在我们到了一个我们只能倾听的阶段。

克：我的头脑跟上了这一切。就像阿克尤特指出的那样，它看到包含了印度传统和全部人类遗产的全部意识内容，我就是这一切。意识是这一切。传统遗产是意识。就像我们所知道的那样，那种意识是冲突。我首先关注的是终止冲突——作为悲伤和痛苦的冲突。在探究中，我发现了它完全是一个思想的过程。存在着快乐和痛苦，从那里，头脑说它必须要在知识的领域中运作，而不是这里。它会在一个领域中正当地运作，但不是这里。这时我的头脑发生了什么事情呢？它变得柔韧、细致、活泼。它看，它听。在它之中没有冲突，那是智慧。那不是意识。智慧不是遗产，而意识是遗产。不要把智慧解读成为神。

现在智慧能够使用知识，智慧能够在知识的领域中使用思想运作，因此它的运作不是二元性的。

德：智慧的语言一定不同于思想的语言。

克：智慧没有语言，但是它能够使用语言。当它有语言时，它就又回到了这个领域。没有语言的智慧不是个人的。它既不是我的也不是你的。

普：没有语言的智慧也许不是个人的，但是它会聚焦吗？

克：不是个人的，但它看起来会聚焦。

普：当它运动时，它会聚焦吗？

克：当然，它必须，但是它永远不会集中在焦点上。

普：它永远不能被把握吗？

克：那就好像用双手握住大海一样：你握住的是大海的一部分，但不是整个海洋。

1971 年 2 月 15 日

二十八 正确的沟通

（一）有一种沟通是不需要语言的

阿：先生，我们尽我们所能倾注了全部的注意力，用我们的头脑和所有的分析能力倾听你的话。我们已经涵盖了这片领域的每一寸土地，我们再也不会接受任何不理解的事情。在你和我们之间存在言语的沟通，同时也存在着超越文字的沟通。只靠自己的话，我们不能穿透言语的屏障并达到超越言语的理解。当我独坐时候，我发现我和自己的所有交流依旧保持在言语的水平上。我想知道我们是否可以来讨论沟通的问题。

传统把沟通划分为四个不同的状态：声音的沟通（*vaikharī*），头脑的沟通（*madhyamā*），觉知的沟通（*paśyantī*）和超越的沟通（*parā*）。

"声音的沟通"是通过听觉器官来进行理解的言语沟通。它受制于各种不同的扭曲。它依赖于顺序。

"头脑的沟通"是通过内部器官（头脑）来理解，而不是通过外部的感觉器官。在"头脑的沟通"中，存在心理构思的顺序。

觉知的沟通中没有顺序，它没有优先或在后的属性特征；觉知与沟通是不可分割的。在觉知的沟通中，超越了与世界上以及时间和空间中广大事物之间的联系；在这样的状态里没有认知者和被认知的事物的区分。

超越的沟通是"绝对"的自我展现的力量，那与它本身是不可分割的。超越的沟通是沟通的真正渠道。

普： 阿克尤特是对的。在探究克里希那吉所说的倾听与看到时，那是他的教导的一部分，可能需要探讨沟通的问题。我不认为我们讨论过沟通是一个过程还是瞬间闪现的问题。

克： 我们可以从言语层面开始并彻底探究一下吗？

普： 这个问题不光涉及说话者和自己之间的沟通，同时也涉及我们用于理解的工具。

克： 我们可以从这一点慢慢开始吗？在言语沟通中，沟通双方都理解词语的含义。在这种沟通中，词语就是含义，含义可以被我和你所理解。沟通也意味着倾听，不只是倾听词的意思，同样也在听使用这个词的说话者的用意。否则沟通就会破裂。当我们使用一个词的时候，它必须具有直接的特点，没有双重的含义，它也必须有要沟通某事的真切愿望。在那种热切中一定要有爱、关心、体贴和你必须理解的感觉，而不是我高高在上而你不如我的感觉。在使用词语时，一定要触及话音中传递的意图。那就是说我们两人必须在同时、同样水平、以同样强烈的程度理解这个词语。一定要体会其中的意图，只有那样才是真正的沟通。

阿： 是这样的。我们的头脑，倾听你的话，习惯去建立如此多的屏障。那一切都结束了。现在不存在屏障了。

克： 在沟通中文字并不是那么重要的，尽管词语与含义是必需的，但是两人在同时、以同样的水平和强烈程度相遇才至关重要。

阿： 与自己沟通也很重要。在那种背景下，沟通是什么含义呢？

克：一个人可以和自己沟通吗？

阿：是的。那是一个与自己达成一致的问题。

克：通常沟通被理解为发生在两者或更多人之间。

阿：但是它甚至不需要有两个"人"存在。它可以是一个人和一本书之间的沟通。这一切都包含了我们谈及的与自己沟通。

克：我不认为一个人能够与自己沟通。

阿：先生，在梵文中他们使用"svasamvāda"一词表示"自我沟通"。

克：我质疑这点。

阿：为什么呢？

克：即使当你使用"自我沟通"一词的时候，我也不认为你是在和自己交流。你只是在观察发生了什么事情。但是当你使用"沟通"这个词的时候，就存在二元性——从这种意义上来讲，存在你和书、你和我之间的划分。

阿：你说必须存在某种一致的感觉，即使是为了观察。我想知道那其中是否存在任何事物？

莫：信息是沟通中最重要的部分。

克：不。我可以说某些事情，但是如果你不处于和我一致的状态，你就会扭曲它；你将扭曲这个信息。因此，重要的不是信息，而是为什么在某种程度上，某些信息看似能与某人而不是其他人进行沟通。

德：你想要沟通的信息为什么不能被其他人接收到呢？

克：我们在探讨的是沟通的品质，而不是你沟通的内容。当那品质不存在时，你无法进行沟通。

阿：存在词语的沟通、含义的沟通，还有超越词语和含义的沟通。

莫：人类已经发明了某种工具，通过词语和含义来接收信息，但是他们却没有工具去接收或者接触超越词语和含义的信息。毕竟，收音机和电视机都有用于接收的特殊工具。我们有用于接收的特殊工具吗？

德：只有当信息被曲解或者不完整的时候，沟通的问题才产生。

克：它同样也包含在含义中。你告诉我某件事，我扭曲了它。

莫：不。你告诉我某件事，我使用我拥有的工具去倾听它，然后通过我拥有的工具去解读它。不存在扭曲的问题。我们发现对你所说的话的接收仍然处于相当低的水平。不存在扭曲的问题。你所说的话似乎就是不能渗透进来。那与信息无关。

普：或者工具没有得到调试，或者工具根本不存在。克里希那吉，你可以随心所欲地说，但是如果没有工具存在，信息将不会被接收。问题是其中一种工具需要被调试正确还是要形成新的工具呢？那是关键问题。

克：阿克尤特说，当我们开始接触彼此，会存在一种抗拒，一种对所说内容的智力上的反对。现在，他说他已经把那一切都放到一旁，他倾听。那么为什么在刚开始的时候会存在抗拒呢？

阿：我们分别9至10年之后再次相遇。存在着社会、政治、意识形态的制约；同样也存在依据这些制约来理解你的努力。

克：普普尔问是否需要对工具进行调节。

普：假设你小心翼翼地让一个孩子脱离所有的制约，他仍会有所反应，因为制约是传递遗产的工具。我用一种特殊的方式在操作工具；它们本身除了已知的方式之外，无法以其他任何的方式接收信息。

克：那么，问题是什么？问题是究竟要使用这些工具并把它们变得锐利、敏感呢，还是要形成新的工具？

德：我可以这样认为，我们拥有的唯一可用工具就是我们的眼睛和耳朵。它们阻碍我们去理解。

普：通过人类的进化历史，感官工具已经变得完美。它们已经被训练得从单一渠道进行运作；每一种感觉器官都独自运作：听的时候不存在看；看的时候不存在听。感官知觉的运作被分成各自独立的几部分。我想问要使用的工具是不是同样的那一些。

芭：阿克尤特提到了两件事情——一种存在着抗拒的阶段和一种没有抗拒的阶段，但是使用的工具是一样的。

阿：在使用那些工具时，人没有选择。对工具的使用也许不够恰当。

普：也许是对工具的使用不够完美，也许是需要一个全新的工具吧。让我们问问克里希那吉。让我们向他提出这个问题。你说它是同样的工具，还是一种新的工具呢？如果我已经接收到了所要沟通的事情，那么我就不会质疑，不会坐在这里，但是事实是我没有接收到需要沟通的事情，也就是说，我所拥有的工具失效了。

阿：我的观点是，有某种特定层面的沟通，但是那依旧停留在言语层面。

普：倾听克里希那吉的话，沟通了许多事情——工具可以接收。

然而我确定，该发生的却没有发生。尽管意识有其灵活性和接收能力，尽管各种工具有共同运作的能力和对时间问题的理解，但是爆发还是没有发生。

阿： 我们可以不把它个人化吗？我们能否客观地理解沟通的问题？

普： 考虑到你所描述的觉知的沟通的层面，我们理解；觉知的沟通就是"看到"。

阿： 我们可以使用大脑这个工具，使它不会在任何层面制造障碍吗？

克： 问题是什么呢？

普： 你见到我们已经有一段时间了。你认为我们能否与你沟通呢？

克： 显然达到了某一点。

普： 在那一点的阻碍是什么？

克： 显然，一切沟通都汇聚到一点。我无法从这里深入，除非我们简单地开始。我想要知道问题是什么。沟通意味着告诉你某件事情，而你倾听我的话，可以同意或者不同意。即，你与我有一个共同的问题，然后我们进行讨论。只有当我们都看到了共同问题的全部，而且我们对它的含义和描述高度一致时，我们才可以讨论这个问题。这样我们才能说我们相互理解了。

然后才到达下一点：我可能会告诉你一些你会抗拒的事情。也许我告诉你的东西是不准确的，你有抗拒的权利。我告诉你某件正确的、精确无误的事情，而你说它不正确，因为你有自己的判断和想法。这时，沟通就停止了。我想告诉你一些事情,像两个普通人那样沟通,而不是我作为一个上师而你作为弟子。我会尽可能地用文字来表述它,但是我知道我想要说的并不是文字,也不是文字蕴含的意思。我想要告诉你的事物只有某些部分可以被描述,而其他的部分则无法描述。你接受了我描述的部分而没有接受未描述的部分。因此,沟通就不存在了。你满足于解释,并且说那已经足够了。我想要通过文字、含义和描述来沟通一些事情,同时也想沟通另一些不是文字、不是含义却远远超出描述的事情。

我想要告诉你某件我非常强烈地感受到而且感觉必须要和你沟通的事情。我在描述,但是你拒绝进入我的描述中,我们的沟通就结束了。我们从言语上来理解,但是无法沟通"另一个"。

阿: 就我们而言,不存在拒绝,只是不具备接收的能力。

克: 我质疑这点。听听我说了什么。我使用你所理解的词语,你倾听含义、文字、描述和解释。但是这一切并不是我想要传达给你的事情。起初你拒绝超越。你拒绝,从某种意义上来讲是你不知道在探讨什么事情。你觉得不存在不能用文字表达的事物。

而我不关心文字和描述。我现在想要告诉你一些事情。我要如何才能够沟通那些本身不是文字、含义和描述,然而却又和文字一样真实,和文字一样有含义的事情呢?文字和解释并不是它们所指代的东西本身。这就是问题所在。

那么我和你之间发生了什么呢?我们来讨论一下。我使用文字,我的描述处于文字的框架中,文字有空间,它们有参考点,有共同的意义。

你接受它，追随它并且在那里停下来。你们都在不同程度地这样做。为什么呢？为什么你在那里停了下来？（停顿）我想我是知道的。

阿：在我们之间的这种沟通关系中，存在一种非常清晰的理解，即人一定不能接受他不理解的事情。头脑有能力去制造信仰，吸收它所愿意相信的事情。我尝试去表达我的头脑所建立的屏障。我说它将不会吸收我不理解的任何事情。

克：等一等。你接受了文字、含义、描述、解释和分析。你走了那么远。现在我告诉你，作为两个关系平等的人，我想要与你沟通其他一些超越文字的事情，而你没有行动。我问自己这是为什么。或许是你下意识地不想理解我在文字背后想要沟通的事情，因为理解可能会使你不安，或许是因为你接受的全部训练和遗传告诫你："不要接近它，不要触碰它"，所以你抗拒。

阿：不是那样的。

克：我只是在质疑。这就是通常情况下会发生的事情。你倾听词语、含义、描述和分析，而你停在那里是因为你感觉到对你的形象存在危险。因此形象走过来说：停止。沟通就终结了。

阿：我不这样认为。

克：我这么说是尝试性的。

普：克里希那吉，实际发生的是，人们可以跟随你一起前进，自己的内心也前进着，直到思想终结的那一点。到了思想停止的那一点，却完全无法进入这个新的领域。

克：我会谈到那一点的，普普尔。我想要结束这里的问题。我有意识或无意识地问自己：他要把我引向哪里？我无法前进，因为我自己的形象在瓦解，我的安全受到威胁。我说描述对我而言已经足够好了；我赞同并且停留在那里。我自己的形象更加重要，因此我满足于言语的理解。

莫： 不是那样的。

阿： 在我们所探讨的具体实例中，不是这样的。

普： 如果你向我提出一个会危及我自己形象的问题，或者即使是我给自己提出一个这样的问题的话，其中都会存在抗拒。然而通过观察，一步一步地前进，就没有必要提出那个问题。如果你提出那个问题的话，那是灾难性的。

克： 我在把这个问题展开。

普： 如果我提出那个问题，那么所有事情都会匆忙赶去保护形象，然而如果我一步一步地前进、观察，那么就有一种流动感在消除形象。

克： 只有当你和我想要沟通某些不只是文字的事情时，溶解才会发生。是吗？很少有人会超越这一点，很少有人愿意打破自己的想法、结论和形象。在探讨中，我发现了形象，你点亮了光，我看到了。而这看本身就是它的终结。

存在着没有形象的文字、含义、描述、分析和看。那是真正的沟通。对吗？当我们进入某种非言语的事情中时，困难就产生了。那么，是否存在关于超越语言的某事的沟通呢？

为了理解不是文字的某事，也就是说，去看它，而不受困于描述、解释、含义和文字中，我们双方需要具备什么品质呢？

（二）纯粹的看，即是沟通

普：看看你做了什么。你通过分析、思想和文字把我们带到一点。你使智慧变得锋利、纯净。你从来都不进一步超越它。因此那里什么都没有，我没有可以用来填补这空虚的描述。

克：听着。我们现在所探讨的意义上的沟通，是通过文字、含义、描述、分析，通过所有这些甚至更多渠道来实现的，头脑一定不能被文字、文字的含义、描述或者分析所困。它一定不能被困住，它必须流动、移动。但是你却抱守着文字。文字、含义、描述和分析是思想的过程，是记忆的过程。通过多年累积、培养而形成的文字，你和我赋予它的含义以及通过文字所得出的描述——那一切都是思想。现在你告诉我一些非文字的事情，而我总是按照思想来行动。我随思想运动。是吗？沟通是文字，沟通也不是文字。因此，含义、描述和分析，一切都必须在那里，头脑是如此的……（我不知道要使用什么词来形容），因此你和我在同时，在同样的水平、以同样强烈的程度看到同样的事情。否则我们的沟通就是言语的。

普：现在到了关键点。

克：慢慢来。我们很小心地到达了这里。

普：空间中的那种运动，是我感觉到你内在空间的运动这样一个问题吗？

克：请用简单的文字，简单的文字。

普：那是一个与你正在沟通的空无运动相联结的问题吗？

克：等一等。我并没有在沟通任何事情。我只在沟通"这"，不是那。那里不存在沟通；只有"这里"才存在沟通。

阿：你说你已经穿越了文字和描述，但是我们总是握住思想的手。这是无法被思想把握的事情。

克：一定要看看在你们两人之间发生了什么，阿克尤特和普普尔。你有一个含义，你有文字、描述和分析。你已经得出一个结论，然而她没有得出结论；沟通停止了。当你得出结论而别人却没有得出的时候，沟通就停止了。

普：克里希那吉说通过文字他只能沟通到某一点上，然后就是没有文字的沟通。那是如何做到的呢？我再一次用自己的语言来表述。我说，直到头脑变得流动、纯净的那一点，通过文字的沟通都是可能的，因为存在参考点。我问他，片刻过后，那个空间中的活动是否要在寂静中与克里希那吉的运动相接触。是不是此时已经完全不是我和克里希那吉之间的问题了？

克：完全不是。不存在"两者"。你所说的很简单。你明白了吗？（停顿）有两件事情会发生：通过文字、描述、含义、分析得出结论；通过文字、含义、描述、分析但是没有得出结论。得出结论的人就停止在那里，他无法和没有得出结论的人进行沟通了。他们不会相遇。他们可以继续永无止境地讨论下去，但是这两者不会相遇。

现在我们问：是否有在思想之外的某事，即"另一个"？"另一个"能够沟通吗？沟通意味着两者。当你没有得出结论但是我已经得出结论时，沟通就停止了。当你我都没有得出结论时，就有一种状态，我们都

在移动，都闻到花香，是吗？当我们两人都闻到花香时，还要沟通些什么吗？

莫：现在我想要问一些事情。有"共同经历"或者"共同状态"吗？

克：在经历中不存在"共同经历"这样的事情。

莫：我在谈的是沟通。沟通意味着两者。

克：直到某一点都是这样。

莫：那"共同经历"呢？

克：当你我感受落日或者性爱的时候，不存在两人。

莫：工具有两个。

克：当然。

莫：感知者不在那里。

阿：这些问题对我们刚刚谈到的事情而言是正当的吗？

克：关于什么的？

阿：没有结论，他们一起前进。其中是否存在任何正当的问题？

克：但是我们没有超越得出结论的事实。再多花点时间吧，我们对这个问题的探讨太仓促了。

莫：我看到同样存在对形象的威胁。

克：我专注于某种活动中，我将根据我的活动来解读你所说的任何话。我说我理解你，但是我会根据我的活动来解读我的理解。我被束缚了。

普：如果存在对我的形象的正面攻击，你问我是否有自己的形象，我会说：我当然有形象；但是它是外围的形象。可能这个形象不需要面对，就已经被撕掉、剥落或打破了。你可以毁坏和剥夺这个形象，但是不要正面问我关于这个形象的问题。

克：我想要稍微深入地讨论形象的生成问题。

普：思想的每个运动都在添加形象，每个否定都是对形象的剥夺。

德：建造形象的动机，存在于我们所受限的某种特定的运作模式之中。只要头脑拒绝放开，我们就在阻碍沟通。

普：我认为那是完全错误的。如果你受困于想要摆脱形象的努力中的话，那么你将永远不会摆脱它。

克：你是对的。

普：你说形象和结论使沟通终结，但是你不得不面对这一点。

克：有意识或无意识中我们总是在说"我坚信""我应该忠诚"，或者"我正专注于"。因此沟通仅仅到达一点，就没有再超越。这是一直在发生的事情。

普：形象是由许多小事情组成的；它就是它。我用了22年的时间尝试去解决它，现在我说：我不去管它了，我要动起来，让我看看静止的事物是否可以被解放。然后它会做它想做的事情。

阿：但是这些百万年来的过去，我要如何解决呢？

莫：两个带有不同过去、不同历史、不同经历的大脑，可以在同样水平感受到同样的事物吗？这怎么可能呢？

克：你提问的方式是错误的。

普：我无法打破历经百万年建立起来的形象。我能够打破这个工具使头脑变得柔韧灵活吗？就是那样。

阿：有一点需要考虑。存在着某些积累，当它们在沟通中被指出来，就会被舍弃，这种情形毫不费力地发生。

普：参与这30天对话的我们所有人都知道并理解到思想结束的那一点。我确定该发生的事情要在那里发生。

克：让我们换一种方式来讲同样的事情。是否可能进行非言语的沟通或者经历？经历的全部含义都是错误的。

普：让我来理解这一点吧。这是一个非常重要的说法：全部经历都是错的。

克：认为存在一种可以被两人共同经历的状态的结论或者想法是错误的。

阿：对。

克：它永远都不能被经历。那是什么意思呢？任何人说"我已经经历过了"，实际都没有经历过。对吗，先生？你看这是多么的微妙。当我们看着日落，那里就只存在日落。我相信性也是一样。对两个正怒气冲天的人而言也是一样的，他们不是两个人。他们不会说：我们在经历愤怒。

莫：那么头脑中进行的记录发生了什么？

克：那是什么？记忆？

克：等一等。我并没有在沟通任何事情。我只在沟通"这"，不是那。那里不存在沟通；只有"这里"才存在沟通。

阿：你说你已经穿越了文字和描述，但是我们总是握住思想的手。这是无法被思想把握的事情。

克：一定要看看在你们两人之间发生了什么，阿克尤特和普普尔。你有一个含义，你有文字、描述和分析。你已经得出一个结论，然而她没有得出结论；沟通停止了。当你得出结论而别人却没有得出的时候，沟通就停止了。

普：克里希那吉说通过文字他只能沟通到某一点上，然后就是没有文字的沟通。那是如何做到的呢？我再一次用自己的语言来表述。我说，直到头脑变得流动、纯净的那一点，通过文字的沟通都是可能的，因为存在参考点。我问他，片刻过后，那个空间中的活动是否要在寂静中与克里希那吉的运动相接触。是不是此时已经完全不是我和克里希那吉之间的问题了？

克：完全不是。不存在"两者"。你所说的很简单。你明白了吗？（停顿）有两件事情会发生：通过文字、描述、含义、分析得出结论；通过文字、含义、描述、分析但是没有得出结论。得出结论的人就停止在那里，他无法和没有得出结论的人进行沟通了。他们不会相遇。他们可以继续永无止境地讨论下去，但是这两者不会相遇。

现在我们问：是否有在思想之外的某事，即"另一个"？"另一个"能够沟通吗？沟通意味着两者。当你没有得出结论但是我已经得出结论时，沟通就停止了。当你我都没有得出结论时，就有一种状态，我们都

在移动，都闻到花香，是吗？当我们两人都闻到花香时，还要沟通些什么吗？

莫：现在我想要问一些事情。有"共同经历"或者"共同状态"吗？

克：在经历中不存在"共同经历"这样的事情。

莫：我在谈的是沟通。沟通意味着两者。

克：直到某一点都是这样。

莫：那"共同经历"呢？

克：当你我感受落日或者性爱的时候，不存在两人。

莫：工具有两个。

克：当然。

莫：感知者不在那里。

阿：这些问题对我们刚刚谈到的事情而言是正当的吗？

克：关于什么的？

阿：没有结论，他们一起前进。其中是否存在任何正当的问题？

克：但是我们没有超越得出结论的事实。再多花点时间吧，我们对这个问题的探讨太仓促了。

莫：我看到同样存在对形象的威胁。

克：我专注于某种活动中，我将根据我的活动来解读你所说的任何话。我说我理解你，但是我会根据我的活动来解读我的理解。我被束缚了。

克：等一等。我并没有在沟通任何事情。我只在沟通"这",不是那。那里不存在沟通;只有"这里"才存在沟通。

阿：你说你已经穿越了文字和描述,但是我们总是握住思想的手。这是无法被思想把握的事情。

克：一定要看看在你们两人之间发生了什么,阿克尤特和普普尔。你有一个含义,你有文字、描述和分析。你已经得出一个结论,然而她没有得出结论;沟通停止了。当你得出结论而别人却没有得出的时候,沟通就停止了。

普：克里希那吉说通过文字他只能沟通到某一点上,然后就是没有文字的沟通。那是如何做到的呢?我再一次用自己的语言来表述。我说,直到头脑变得流动、纯净的那一点,通过文字的沟通都是可能的,因为存在参考点。我问他,片刻过后,那个空间中的活动是否要在寂静中与克里希那吉的运动相接触。是不是此时已经完全不是我和克里希那吉之间的问题了?

克：完全不是。不存在"两者"。你所说的很简单。你明白了吗?(停顿)有两件事情会发生:通过文字、描述、含义、分析得出结论;通过文字、含义、描述、分析但是没有得出结论。得出结论的人就停止在那里,他无法和没有得出结论的人进行沟通了。他们不会相遇。他们可以继续永无止境地讨论下去,但是这两者不会相遇。

现在我们问:是否有在思想之外的某事,即"另一个"?"另一个"能够沟通吗?沟通意味着两者。当你没有得出结论但是我已经得出结论时,沟通就停止了。当你我都没有得出结论时,就有一种状态,我们都

在移动，都闻到花香，是吗？当我们两人都闻到花香时，还要沟通些什么吗？

莫：现在我想要问一些事情。有"共同经历"或者"共同状态"吗？

克：在经历中不存在"共同经历"这样的事情。

莫：我在谈的是沟通。沟通意味着两者。

克：直到某一点都是这样。

莫：那"共同经历"呢？

克：当你我感受落日或者性爱的时候，不存在两人。

莫：工具有两个。

克：当然。

莫：感知者不在那里。

阿：这些问题对我们刚刚谈到的事情而言是正当的吗？

克：关于什么的？

阿：没有结论，他们一起前进。其中是否存在任何正当的问题？

克：但是我们没有超越得出结论的事实。再多花点时间吧，我们对这个问题的探讨太仓促了。

莫：我看到同样存在对形象的威胁。

克：我专注于某种活动中，我将根据我的活动来解读你所说的任何话。我说我理解你，但是我会根据我的活动来解读我的理解。我被束缚了。

莫：在现在中不存在记忆。

克：但是它在现在中行动。

莫：记忆还没有被制造。

克：不要推理。看。你和我看到日落，当它就在我们面前出现，我们两个人都看到它，我们都很安静，因为它太美了。我们没有停止所有的运动。所有运动自动停止。那里不存在两个人。

莫：那里不存在两个分别的"自我意识"吗？

克：我们两人都完全地经历了日落；我们没有在那一刻谈论经历的事情。

普：我现在想问一个关于你的问题，先生，因为我感觉你的头脑也对我们开放是很重要的。你通过言语的状态带领我们，你的头脑在进行记录，在某一点言语停止了。

克：那意味着你和我没有构成任何形象。

普：是的。在任何时刻，你身上会有对这一点的记录吗？

克：我不太明白你的意思。

普：你在思想中运动。你经历了通过文字、含义和分析的整个沟通过程。灵活点到来，分析就结束。在下一个分析开始之前，存在一段空白。在这段空白中，大脑是否做下了任何的记录呢？

克：没有。

普：你的脑细胞的任何部分都没有记载这段空白的影响吗？

克：我想要知道你在说些什么。我说没有。

德： 是因为你总是在那段空白之中吗？

克： 你想要说什么？

普： 你如何知道不存在对那经历的记录呢？

（三）让脑细胞从一切重负下解放

克： 那是下一个问题。在经历中，从最微不足道的经历到最壮观的经历，连一个像思想、记忆这样的记录都不存在吗？记录的过程中有文字、描述和分析。这个记录是一个必需的过程，而不必须、不相关的是结论。那么我们问：对某事的非言语的经历是否必须被转化成思想、描述、分析或者文字呢？

阿： 过程现在被颠倒了。

克： 看看它的精妙吧。我从沟通开始，然后就是思想的结束，然后是对"那"的感觉。问题通过一个颠倒的过程产生了。请等一下。我说得对吗？（停顿）

那么下一个问题是什么：脑细胞记录下那件事了吗？那件事后来成为记忆并告诉你"我经历过"了吗？你明白吗？那个看到、感知和倾听，是非语言的，它无法被体验、被记录在脑细胞中吗？

阿： 没有。

克： 当然没有。

普： 你在说其他的事情。我要问：看，对脑细胞发生什么作用吗？

克： 发生的事情令人奇怪。大脑在记录噪音、印象——每一件事情都被记录。大脑完全习惯这一点,它接受这一点。那是一种健康、正常、理性的状态。对吧?因此它说:一个奇怪的现象发生了,我把它记录了下来。当然,我已经经历过它,因为它已经被记录,它已经被记忆。

阿:我不明白。

德:当它说那些的时候,"另一个"就停止了存在。

克:等一下。除对生存有用的经历外,每一个经历都要记录吗?我知道我在问最荒唐的事情。我问:当你侮辱我或奉承我的时候,为什么大脑记录下这个侮辱或者奉承?大脑记录下重要的事情。为什么大脑要背负每一个肤浅的影响呢?

普:你怎么能问为什么呢?

克:我展示给你看。你侮辱我或者奉承我。为什么我要记住它呢?记住它有什么意义?我能够把它抛开,大脑能够只记住对生存有用的事情吗?

莫:你引入了"生存"一词。

克:我为什么要记住你的侮辱或者奉承呢?它为什么要记录呢?因为如果我确实记录下侮辱,那么就存在去除它的努力,就会有喜欢和不喜欢。

莫:我要如何去除它呢?

克:自由是清空这一切。自由不是背负侮辱、遗憾、快乐、恐惧和痛苦的重担。

阿:我可以问你一个问题吗?我是否能够生活在记录的窠臼之外呢?

克：不能。

阿：在窠臼之内，它会记录。我什么都做不了，无法终止记录。

克：如果你看到这一点，就存在一种拒绝记录的智慧状态。只有活生生的现在可以对此有所帮助，不是过去，也不是将来。

普：当存在关注，就不存在记录；不仅仅是那样，而是关注驱散了被记录的事物。

克：那就足够了。如果大脑意识到它不必背负每天发生的任何事情的重担，那就足够了。

1971 年 2 月 16 日

二十九　生理生存与智慧

（一）当头脑剥离心理生存因素，智慧就产生

普：克里希那吉在他昨天的谈话中提到了一些事情，我不知道是否可以讨论一下。他提出的问题是：脑细胞能否只保留生存运动，只用来维持有机体存在的纯粹生理需要，而摆脱其他的一切。那是一个非常令人吃惊的说法，克里希那吉似乎认为在新维度中发生任何运动之前，这种完全的剥离直至只留下最基础的根基是很重要的。从某种意义上来看，他完全回到了唯物的立场。

德：如果你在物质生命的维度中生存，那就不存在其他维度。这一点可以探究吗？像我们所理解的那样，剥离意识的每一个因素，这可能吗？我们总是声称人类不仅仅只有生存的渴望。

莫：脑细胞不是文化的储藏室吗？

普：如果你将人身上除了生理生存需要外的每一个心理因素都剥离的话，那么人和动物还有什么区别呢？

克：我们都知道生理生存和心理生存。心理生存因素例如民族主义却使得生理生存变得几乎不可能。心理上的支离破碎破坏了生存之美。一个人可能剥离所有的心理因素吗？

普：除了生理和心理之外，还存在其他生存吗？你说你谈到使自

己剥离所有因素。我在问，是否还存在除了生理和心理之外的其他因素。

克：到目前为止，据我们所知，只有这两种因素在人体内运作。

莫：除了生理上的因素之外，还存在心理生存这回事吗？

克：那是指精神生存。精神是环境和遗传的结果。昨晚，当我们使用"意识"一词的时候，我们说意识的全部是意识的内容。意识的内容是冲突、痛苦。那全部都是意识。

德：你也说智慧远不止是意识。

克：等一下。我们说过，理解意识的事实并且超越它，就是智慧。如果这种意识处于冲突中，我们就不能到达那智慧。现在我们所知道的一切就是生理生存和心理意识生存。下一个问题是什么？

普：你昨天暗示过，除了保证生理生存的因素外，剥离对所有事物的意识是必需的。

克：你能够剥离整个心理意识的内容吗？在那剥离中，智慧在运作。只有保证生理生存的因素和智慧留了下来，再没有其他。

普：你昨天没有提到智慧。你说，当完全地脱离意识而没有其他留下时，那种行动是生物生存运动，这是洞察的运动。存在这样的一种看吗？

克：那么头脑就不仅仅是生存要素，在它里面存在另一种洞察的品质。

普：那种品质是什么？

克：克里希那穆提昨天说了什么？

普： 他说存在着意识的剥离，并且只有寂静中的生存运动。那种寂静在看。

克： 完全正确。那么寂静是什么？寂静的本质是什么？

普： 看是我们能够肯定的事情。但是我们昨天还谈到了其他的事情，因此，我们禁不住要问，如果人剥离了每一个我们认为使其成为人的因素的话……

克： 即冲突、痛苦。

普： 不只是那些，还有慈悲……

芭： 我们认为，人之所以为人就是与动物相对立的。是什么使得人变得与动物不同——智慧、分析的能力、语言。

德： 人是会使用语言的动物。这是人区别于其余的动物世界的标志。语言让人可以说出"我是我"。当他超越语言的时候，他沉思、投射；他说"我是我"，在这个"我"中包含了整个宇宙。

芭： 还有一点，因为语言，人们可以发展出文化，不再回到原始生理状态。

德： 在两万五千年的进化、思考和交谈等等中，人类的变化微乎其微。环境已经改变，但是人基本上没怎么改变。

克： 是的。

普： 我接受芭拉桑达拉姆和德什潘德的观点，但是我依然知道"我存在"。关于"我"的说法就存在于那里。

克： 芭拉桑达拉姆所说的问题非常简单：剥离了人所有的心理因

素，那将拿什么区别人和动物呢？噢，人和动物有着巨大的不同。

普：当你假定了区别的时候，你就在探究其他的事情。

芭：人知道自己，而动物则不知道；那是唯一的不同。

克：让我们回到前面的讨论。我们想要在生理上和心理上同样生存。

德：我说还有其他的事情。

克：我们要搞清楚。仅仅假定还存在其他，是没有任何意义的。

德：但是你说人类所有其他的方面都结束了。

克：当冲突、不幸、痛苦已经结束……

普：还有幻想、惊奇、想象等所有那些使人可以向外或向内求取的事物。

克：克里希那穆提说外在和内在都有。

普：那是同样的运动。当你说这一切都被剥离，那么会发生什么呢？这么问正确吗？我们可以在讨论这个问题的过程中，去感觉那种剥离、那种看吗？

克：我们说智慧超出了意识，当头脑被剥除了心理因素时，就在这剥离之中，智慧被揭开。在这剥离本身中，智慧形成。其中有生理生存，也有智慧。就这些。

智慧没有继承，意识有继承。在意识的领域中，我们陷入了"成为什么"中。在意识的领域里，我们想要成为某人、某事。剥离这一切，清空这一切，让头脑清空自己。在这种清空中就产生智慧。因此只剩下两件事情：与活得像个动物完全不同的最高形式的智慧和生存。人不仅仅是动物，因为他能够思考、设计和构造。

普：你的意思是，在剥离意识的行为中，智慧自己显现？

克：仔细听。我的意识总是在尝试成为、改变、修正、挣扎等。那一切和生理生存，就是我所知道的全部。每个人都在这两者的范围内运作。在这种挣扎中，我们投射出超越意识的某物，但是那依旧在意识之中，因为那是投射出来的。

真正想要摆脱挣扎和反复喋喋不休状态的头脑会问：头脑能够将它自己的全部内容剥除吗？就这些。在这种叩问中，智慧产生。

（二）头脑是怎样清空的

普：清空是一个永无止境的过程吗？

克：当然不是。因为如果它是一个永无止境的过程，我就会陷入同样的现象之中。

普：让我们在这里停一下。它不是一种无止境的过程吗？

克：它不是一种无止境的过程。

普：你的意思是一旦它结束，它就结束了？

克：让我们慢慢来。你首先要从言语上理解它。我的意识是由我们所提及的所有事情构成。

普：清空意识需要时间吗？还是它根本不受时间的约束？它是片断的吗？还是清空这个整体？

克：问题是清空的是片断还是整体吗？

普：这种提问方式就表示了包含着部分的整体。

芭：剥离应该是一种包括部分和整体的复合过程。

克：讨论一下吧。

普：人剥离的是什么呢？或者人们洞察的是什么？或者是否存在对出现的思想的消除呢？

德：如果这一切都不在了，那么留下了什么呢？

普：当你说一切都不在，那是什么意思？

芭：只剩下觉察。完全的觉察就是全部吗？

普：是的。

克：她说是。但问题是什么？

普：觉察到意识的一点，比如忌妒，对那一件事情的觉察，就是得知意识的全部吗？

克：当你使用"觉察"一词时，你是什么意思？如果你是指觉察到背后的全部含义的话——在其中没有选择、意志、欲望、抗拒——那么显然就是这样。

普：因此从任何角度来看这都是可能的。

克：当然了。

普：是的，因为那就是门——解除之门。

克：不。等一下。

普：我是故意使用"门"这个词的。

克：等一下。让我们慢点开始，因为我想要一步一步来。我的意识由这一切构成。我的意识是整体的一部分，在浅层及更深的层面都是如此。你问是否存在如此敏锐的觉察，在它之中，全部都显现了出来？或者它是逐渐显现的？是否存在一种探索、审视、一种分析？

德：瑜伽的立场是：自然是一条流动的河流。在流动中，形成了人的有机体。一旦它形成，它也就有了选择的能力，在它选择的那一刻，就把自己和水流、河流分开了。这是与水流分开的过程，使这一切形成的唯一因素就是选择。因此，他们说，从选择中解脱出来可以使你完全清空，在那空无中，你就能看到。

克：好的，先生，那是一点。普普尔的问题是：这种觉察，这种脱离是一个逐渐的过程吗？不做选择的这种觉察清空了整个意识吗？它超越意识了吗？

莫：假设我停止选择，那就是脱离了吗？

普：脱离是否有终点呢？

克：或者那是一个连续过程？

普：第二个问题是：在存在智慧的地方还有脱离吗？

克：让我们从第一个问题开始吧，这个问题够好了。你是怎么认为的？

普：它是那种你既不能回答"是"，也不能回答"否"的出色问题。

德：它取决于时间，或者不取决于时间。如果它是受邀而来，它就是时间。

普：如果你说它不是时间范畴内的问题，那么它就不是一个过程。五分钟之后它又会出现。因此这个问题无法回答。

克： 我不确定。让我们重新开始吧。我的意识是由这一切组成的。我的意识习惯于时间的过程，它以逐渐的方式思考，我的意识在练习并通过练习来实现——那是时间。我的意识是时间的过程。

现在我问的是意识能否超越这一点？被困于时间运动中的我们能否超越时间？那个问题，意识无法回答。意识不知道超越时间是什么意思，因为意识只能够从时间的角度来思考，当询问这个过程是否能够停止，是否存在没有时间的状态时，它就无法给出答案了，不是吗？

现在，因为意识不能回答这个问题，所以我们说：让我们来看看什么是觉察，并探究它是否能够带来永恒的状态？但是这会引进新的因素：什么是觉察？它在时间的领域中吗，它在时间之外吗？觉察中存在任何选择、解释、维护或者谴责吗？或者存在观察者和选择者吗？如果存在的话，那还是觉察吗？是否存在根本没有观察者的觉察呢？显然存在。我觉察到那盏灯，当我觉察到它，我就不需要做出选择。是否存在一种观察者完全缺席的觉察呢？不是观察者缺席的连续觉察状态，那又是一个错误的说法。

阿： 这个词叫作"空性"（*svarūpa śūnyatā*）。观察者变空。他被剥离。

克： 那种觉察能够被培养吗？培养即意味着时间。不存在观察者的话，这种觉察如何形成呢？这种觉察可以培养吗？如果它被培养，它就是时间的结果，也是意识的一部分，在那之中就存在着选择。

你说觉察不是选择。它是没有观察者的观察。那么如果没有意识干扰的话，那要如何发生呢？或者它是由意识产生的吗？它从意识中绽放吗？或者它与意识无关？

德：它与意识无关。

（三）思考"我是谁"的问题，未达到智慧的洞察

普：当我问"我是谁"时，觉察会产生吗？

克：所有的传统主义者都问过那个问题。

普：但这是一个重要的问题。当我真正尝试去探究自我的源头时，觉察就会产生吗？或者当一个人尝试去发现观察者时，觉察会产生吗？

克：不。在你尝试的时候，你就在时间中。

普：那是语义学的问题。你可以在任何一点脱离意识。观察者在哪里？我们想当然地认为观察者"存在"。

克：让我们慢点开始。人看到什么是意识。在那个领域内的任何运动都是时间的过程。它可以尝试做或者不做，尝试超越，它可以尝试发明超越意识的事物，但是那依旧是时间的一部分。因此我被困住了。

普：我想要使用的文字不是你的文字。因此我拒绝你的所有文字。我要用我自己的工具。在我看来我体内最有力的因素是什么呢？那就是"我"的感觉。

克：那是过去。

普：我不会使用你的语言。不使用你的语言非常有趣。我说最有力的因素是"我"的感觉。那么能否存在对"我"的洞察呢？

莫：那是一个错误的问题。我来告诉你原因。你问我能否洞察

"我"？"我"仅仅是对经验贪得无厌的饥渴罢了。

克：普普尔从问"我是谁"开始。这个"我"，是意识的行动吗？

普：因此我说让我们看吧，让我们探究吧。

克：当我问自己"我是谁"时，"我"是意识中的核心因素吗？

普：看起来是这样。然后我说，让我看看"我"，让我找到它，看到它，触摸它。

克：于是你问：这个中心因素可以被感官觉察到吗？这个中心因素可以被触摸、被感觉、被品味吗？或者这个中心因素、这个"我"是由感觉发明的产物呢？

普：那后面再谈。首先，我看看它能否被触摸。

克：当我问"我是谁"时，我一定也会问是谁在探究，谁在问这个问题。

普：现在我没有在问那个问题。我已经一遍又一遍地反复问过那个问题。我已经无数次地讨论过觉察。我抛弃了它，因为你说过，不要接受不属于你自己的文字。我开始看。这个作为自己核心的"我"是可触摸的吗？我在意识的浅层、在意识的更深层面、在隐藏的黑暗中观察它，然后我把它揭开，在里面产生了一道光芒，一种爆发和延展。

另一件发生的事情是：原本排外的开始吸收，到目前为止我是排外的，但是现在，整个世界都涌入我心中。

克：我们看到了那一点。

普：我发现这不是可以被触摸、被感知的事物。可以被感知的事物是已经出现的，它是"我"的一种展示。我发现我有这个"我"在活动的想法，但是这个想法已经结束了。然后我探索，思想从哪里产生？我能否追踪想法？我可以跟随一个想法走多远？我可以持有一个想法多久？思想可以停留在意识中吗？这些具体的事情需要每个人自己去完全感受。

克： 让我们简单一些。当我问"我是谁"时，谁在问这个问题？人在探索时发现"我"是不可观察的。因此，"我"在感觉的领域中吗？或者是感觉制造了"我"吗？

普： 事实是它不在感觉中……

克： 不要从那里离开。它也同样不在感觉中吗？我们的讨论跳跃得太快了。

普： 我想把克里希那吉说过的所有事情都放到一边。我发现深入"我"之中的质疑和探索会创造光明和智慧。

克： 你说这质询本身能带来觉察。显然我没有说它不会。

普： 在质询中，人们只能够使用某种特定的工具，那就是感觉。无论是外部的还是内部的质询，唯一能够使用的工具就是感觉。因为那就是我们知道的全部——看，听，感觉，这个领域被照亮。外在领域和内在的领域被照亮。在这种光明的状态中，你突然发现存在一个想法，但是它已经结束了。如果现在你问：脱离是部分的还是全部的呢？这个问题无关紧要；它没有意义。

克： 等一下。我不确定。洞察是部分的吗？我通过感觉进行探索，感觉创造了"我"，审视了"我"。这个活动带来一种光明和清晰。不是彻底的清晰，而是某种程度上的清晰。

普：我不会用"某种程度上的清晰"这样的词，而会说"清晰"。

克：它带来清晰。我们紧贴这一点。那种清晰是可扩展的吗？

普：看的本质如此，我可以看这里，看那里，取决于眼睛的力量。

克：我们说洞察不仅仅是视觉上的，也是非视觉上的。我们说洞察是照亮。

普：我想说几句。你说过看不只是视觉上的，也是非视觉上的。这种非视觉上的看本质是什么？

克：它是非视觉的，不能思考的。它不属于文字。它不属于思想。就是那样。它是没有含义、没有表达、没有思想的。是否存在没有思想的观察呢？现在继续。

普：存在着能够近看、可以远观的观察。

克：等一等。我们只是在探讨观察。不是观察的持久性、长度、大小或者宽度，而是非视觉的观察，这观察没有深浅之分。肤浅的观察或深层的观察只有当思想参与进来的时候才出现。

普：那么，在那里存在部分脱离或者全部脱离吗？我们从那个问题开始。

莫：她在问，在每一个观察中，存在单纯感觉上的非语言因素，然后发生心理叠加。在头脑中是否存在一种状态，在这种状态下，心理叠加没有发生，因此也没有剥离呢？

普：对。观察是观察。我们问的是是否存在一种洞察，在其中脱离不是必需的？

克：没有永恒的洞察这种事物。

普：它与你所说的智慧是相同的吗？

克：我不知道。你为什么要这么问？

普：因为它是永恒的。

克：永恒意味着永恒。为什么你要这么问呢？难道非语言的洞察不也是非时间、非思考的吗？如果你回答了这个问题，你同样也就回答了那个问题。一个洞察的大脑不会问这个问题，它在洞察。每一个洞察都是洞察。它没有储存并延续洞察。"脱离或者不脱离"这个问题是从何而生的呢？

普：洞察永远不可能被带入另一个想法中。我看到灯。那看到并没有被带走，只有思想会被带走。

克：那是显而易见的。我的意识是我的头脑，是我感官知觉的结果。它也是时间和进化的结果。它是可延展，可收缩的。思想是意识的一部分。现在有人问"我是谁"。"我"在这个意识中是个永恒的实体吗？

德：它不是永恒的。

克："我"是意识吗？

德：它不可能是。

克：意识是继承，必然是这样的。

莫：我们把意识的概念和意识的经历混淆了。

克：这非常清晰。"我"是那个意识。

普："我"对我而言非常真实，直到我开始探究。

克：当然了。事实是，在看和观察之后，我看到我就是这整个意识。这不是一个言语论述。我是继承。我是那一切。那个"我"是可以观察的吗？它可以被感觉，被扭曲吗？它是观察和继承的结果吗？

莫：它不是继承的结果。它是被继承的事物。

克：那么她问："我"是谁？"我"是意识的一部分、是思想的一部分吗？我说是的。思想是"我"的一部分。思想是"我"，除了思想在做技术性的工作时不存在"我"之外。当你离开科学领域的那一刻，你就走向作为生理继承部分的"我"。

莫："我"是观察的中心，是观察的运作中心，是一个临时的中心，而"另一个"则是有效中心。

克：简单些。我们看到意识是"我"。整个领域是"我"。在那领域中，"我"是中心。

普：我想要把每一件事情都放到一旁，以一种新的方式来处理它。我看到在我身上最重要的因素是"我"。什么是"我"？它的本质是什么？一个人探究它，在观察的过程中，就有清晰。

克：到此为止。

普：清晰不是永恒的——

克：但是它可以再次被拾起。

普：可能吧。

克：因为我有个观念认为洞察是整体。

普：在这种状态下，"清晰是不是永恒的"这个问题的产生是否正当呢？

克： 在洞察的状态下它不会产生。只有当我问"这个过程是永恒的吗"时它才存在或产生。

普： 你会说什么呢？

克： 你被问到这个问题。回答它。你需要回答这个问题。在洞察时，问题不会产生。下一刻我没有如此清楚的洞察。

普： 如果我警觉地发现我没有清楚的洞察，那么我将去探究它。

克： 那么我在做什么？存在着洞察。就是那样。

普： 通向出路的"钥匙"就在那个问题中。

克： 让我们简单一些。存在着洞察。在那种洞察中不存在持续性的问题，只有洞察。下一刻我没有清晰地看，那里没有清楚的洞察，只是一片混乱。然后对污染进行探究，进而有了清晰。混乱和再次洞察，掩盖和揭示——就这样持续下去。这个过程在继续。对吗？

莫： 那是时间的运动吗？

普： 发生了一件很有趣的事情。这种觉察的本质是它对"另一个"发生影响。

克： "另一个"是什么意思？

普： 疏忽。

克： 等一下。疏忽紧跟着关注而来。然后对疏忽的觉察变成了关注。这个平衡总是在继续。

普： 现在我做出了一个论述："觉察削弱了疏忽"，我这样说是不对的。我能观察的唯一事情就是在疏忽中存在关注的行动。

克：对疏忽的行动驱散了疏忽，因此它不会再产生了吗？

德：它对疏忽是关注的。

普：我要比关注疏忽更进一步。我说这种关注的本质是它对脑细胞产生影响。我说这话时非常迟疑。对脑细胞产生影响是关注的本质。脑细胞中休眠的部分当暴露在关注中时会再次出现，这种休眠的本质发生了改变。我想探究这个部分。

（四）不必为疏忽状态刻意担心

克：让我们重新开始吧。如果在那觉察中存在选择的话，我们就又回到了意识。而觉察是非言语的。觉察与思想无关。那种觉察我们称之为关注。当存在疏忽时就存在疏忽，你为什么要把两者混在一起呢？我疏忽；不存在关注；就是那样。

在那疏忽中有某些行为进行着。那些行为带来更多的痛苦、混乱和麻烦。因此我对自己说，我必须时刻保持关注以防这种混乱发生，我说我必须培养关注，而正是那种培养变成了疏忽。看到疏忽则带来关注。

关注会影响脑细胞。看看发生了什么。存在关注和疏忽。在疏忽里存在混乱、痛苦以及如此种种。那么发生了什么呢？

德：对疏忽的驱散在无意识中进行。

普：你真的对它什么都做不了吗？

克：我同意普普尔，但是等一下。不要说什么都没有。我们会弄清楚。我们在探究。存在着关注和疏忽。在疏忽中每一件事情都是混乱。

我为什么想要把这两者放到一起呢？当想要把这两者放到一起时，就存在一种意志的行为，即选择——我更喜欢关注，我不喜欢疏忽——因此我再次回到意识的领域中。在什么行为下两者才永远不会碰到一起呢？我想要再深入探究一下。

当存在关注时，作为记忆的思想就不运作。在关注中没有思考过程，只有关注。我只知道当行为产生不适、痛苦或者危险时，我疏忽了。然后我对自己说，我疏忽了。当疏忽在头脑中留下记号，我关心由疏忽引起的痛苦。然后在探究那痛苦时，关注产生，没有留下记号。然后发生什么呢？每次存在疏忽，就会有对疏忽迅速、立即的洞察。洞察是即时的，没有持续性。它与时间无关。洞察和关注不会留下记号。即时的洞察总是在发生。

1971 年 2 月 18 日

三十 头脑和心灵

（一）为何划分思想运动和情感运动

普： 到目前为止，我们所讨论的话题都是关于头脑的问题，我们还没有探讨过心灵的运动。

克： 我很高兴你提出这个问题。

普： 心灵的运动与头脑的运动不同吗？它们是一种运动还是两种运动？如果它们是两种运动，又是什么因素使得这两种运动不同呢？我使用"头脑"和"心灵"这两个词，因为它们似乎是某些感官反应集中的两处焦点。这两种运动事实上是一种运动吗？

克： 让我们开始吧。你说的运动是什么意思？

普： 我们称之为爱、关怀、善意、同情的任何一种情感反应都仿佛涟漪般从一个聚焦点散开，我们确认心脏区域就是那个中心点。这些涟漪影响着心脏，使它跳得更快。

克： 这是脑细胞的生理活动。

德： 或者是神经在对心脏起作用吗？

克： 它是神经、心脏、大脑、整个身心有机体的一种反应。头脑的运动与我们通常所称的心灵的运动是分开的吗？我不是在谈论物理的心脏，而是情感、情绪：愤怒、忌妒、愧疚——所有这些感情都会使心脏更快地跳动。头脑的运动和心灵的运动是分开的吗？让我们来讨论一下吧。

普： 在我们一直所处的探讨语境中，讲的都是剥离头脑的一切运动，直至只留下生存运动，而能够把人和其他生物区分开来的唯一因素是心灵这种奇怪的运动。

克： 我认为这个划分是人为的。首先，我们不应以那种方式开始。

普： 我们一直以来都在和你讨论，在脑细胞中存在着一种安静并极为清澈的状态，而心灵却没有任何反应，没有涟漪。

克： 因此你就把两者分开了。头脑的运动和心灵的运动都是存在的。让我们来质疑它们是不是分开的。如果它们不是分开的运动，那么当头脑被清空了意识，具有爱与慈悲、会与心灵相通的头脑的品质是什么？让我们从询问心灵运动是不是分开的来开始吧。存在着任何分开的运动吗？

普： 愤怒与爱的运动有什么相同之处？

克： 我的问题是，是否存在任何分开的运动？

普： 与什么分开？

克： 存在任何分开的运动吗？抑或所有运动都是整体的，就如同所有能量都是整体的一样，尽管我们可以划分并把它们变成片段？人把运动分成不同种类，心灵运动、头脑运动；但是我们要问："心灵运动与头脑运动是分开的吗？"我不知道是否可以用语言描述它——头脑、心灵、大脑，它们是不是一个整体？在那个整体中，运动在流动，那是一种整体的运动。但是我们从对立面的角度把情感和情绪划分为忠诚、温柔、怜悯和热情。

普：同样还有邪恶、残酷、虚荣。但还存在纯粹的智力运动、纯粹的技术运动——不属于我们上述提到的任何一个方面。

克：技术运动与头脑的运动是不同的吗？

普：我认为思想有它自己的技术。它有它自己的动力、自己存在的理由、自己的方向、自己的速度、自己的动机和自己的能量。

莫：你不能衡量思想。不要称之为技术。

德：思想的波动已经被衡量了。技术意味着可衡量性。

克：我们刚刚说过怜悯、爱、温柔、关怀、体贴和礼貌是同一种运动。其对立面的运动——暴力等则是相反的。因此存在着头脑的运动，关怀、爱和怜悯的运动以及暴力的运动。现在存在着三种运动。然后还有另一种指出这必须如何或者这一定不能如何的运动；这种主张与另一种心理运动有任何关系吗？

德：除了这三者，还存在协调者的运动。

克：现在我们有第四种运动了——协调者的运动。这四种运动是：关爱的心灵运动，暴力、无情、沮丧、粗俗等等的运动，智力的运动和协调者的运动。每一种运动都有它们自己的细分，每一种细分都与它的对立面相矛盾。因此它成倍增加。看一看它变得多么复杂吧。这个身心有机体有许多矛盾，不仅仅是智力运动和情感运动。这些运动种类繁多并互相对立，并且有个协调者尝试从中安排使他能够发挥作用。

莫：不存在一种甄选机制，可以选择事物并称它为"思想""头脑""心灵"等等吗？那不是协调者吗？

克：协调者、选择者、整合者，随便你如何称呼它，它们都是彼此互相矛盾的。

莫：为什么你要说它们是矛盾的？是因为它们是各自独立的运动吗？

德：从人的生存方式来看，它们仿佛是矛盾的。

莫：但是它们每一个都是自己运动着的。

普：就像莫里斯说的那样，在任意一点如果一个存在，那么另一个就不存在。

莫：那么就不可能有矛盾。

克：当一个存在，那么另一个就不存在。但是协调者在两者中权衡：我想要这个，不想要那个。

莫：那就是整个生命运动。

普：我们通过询问是否存在心灵运动来开始这个讨论。到目前为止我们已经探究了头脑的运动。

芭：心灵运动是一种补充营养的运动吗？它是提供给养的运动吗？要使大脑有效运动的话，心灵运动难道不是必需的吗？

德：我们根本不在矛盾的领域中。

克：当一方存在而另一方不存在时，矛盾是不存在的。但是当协调者插手进来说，我宁愿选择这个而不是那个时，作为选择的矛盾和对立就开始了。

阿：如果我充满了憎恨，我无法再多走两步。问题是心灵运动与头脑运动截然不同吗？或者它有它自己的特征？

克：那就是普普尔所说的。存在头脑的运动——智力和科技的运动、心灵的运动、暴力运动。在我们身上存在多种运动，协调者选择一种或者两种运动来维持他自己。从那里开始，下一个问题是什么？

普：这些运动是彼此平行的吗？最终它们要么是这种运动要么是那种运动。

克：我不确定。

普：大脑的运动大体上是不是激起情感的运动？

阿：尽管一个人可能没有个人的憎恨或者愤怒情绪，当我阅读关于孟加拉国的内容时，某种感情产生了，这是社会反应，对此我什么都没做。然而拥有爱、关怀是充实的必要品质，是补给，是食粮，这是头脑无法给予你的。

德：我们已经一致同意头脑的感知是思想。

克：让我们把词的含义弄清楚。对不同类型的刺激的反应是我们所称的情感。感知是一种情感吗？

那么下一个问题是什么？带有细分的这两种运动是平行的吗？

普：平行意味着分开的运动，它们永远不会相遇。

克：或者它们真的是同一种运动，而这一点我们并不知道？

普：拿欲望来举例。你把它归为什么种类呢，感情还是思想？

芭：欲望是从心里产生的。

普：过了不久欲望变成思想。你会把它归到哪一类呢？

阿：它只作为一种思想产生。

莫：作为心灵的一种立即的情感反应，欲望的产生与思想并不是分开的。当一个人愤怒时，心脏跳动加快。所有那些都是同一种运动。

克：欲望、憎恨、爱都是感情和心理的运动。你问它们是不是平行的并因而是分开的。我没有说它们是或者不是。

普：我认为那是一个不正确的问题。正确的问题是：如果它们是两个分开的运动，那么它们可能聚到一起吗？或者，造成我们不幸的原因正是事实上我们把它们分开了？

莫：通过模式去认知的是思想。不通过模式去认知的是感情。

普：当你做出这样的说法时，要么它对我们而言确是如此，因此我们身上的二元性停止了，要么对我们而言它只是一个理论。

克：那是一个理论，而结论和公式没有任何意义。我说我不知道。我只知道这两种运动，一种是智力的或理性的运动，另一种是善良、温柔的感觉，那就是全部。它们是两种分开的运动吗？或者因为我们以两种分开的运动来对待它们，我们的全部不幸和困惑因此产生？你看，普普尔，我们已经划分了身体和灵魂。西方和东方的宗教倾向都是这样划分。但情感的确是一种单一的精神心理状态，这种精神心理状态引入了灵魂。因此问题是：它们是两种运动呢，还是我们习惯于认为身体和灵魂是互相分离的？

普：但是你怎么能忽略这个事实：一种强烈的感情会带来一种存在的全新品质，可以完全体会到他人的感觉，一种不可言说的理解感？

克：现在还不要提到它。我们在问这两种运动是分开的吗？或者是因为我们被习惯驱使着已经接受它们是两种分开的运动？如果它们不是分开的，那么是哪一种整体运动包含了作为大脑运动的思想和心灵的运动呢？

你要如何探究这个问题呢？我只能够从一件件事实着手。我没有关于它的理论。我看到感知的事实。我看到思想运动的事实。我问当没有思想运动时，是否存在非语言的运动？我解释清楚了吗？

如果思想运动完全停止，那是否存在一种如爱、奉献、温柔和关怀的感情运动？是否存在一种与思想分离的运动——思想是语言的含义、解释、描述等？在没有任何强制的情况下，当思想运动结束，难道不就存在一种既非此又非彼的完全不同的运动吗？

普：是那样的，先生，我说这些话时非常迟疑。有这样一种状态，就仿佛有颗灵丹妙药在发生效用，人感到充盈丰溢，那时心是唯一存在的事物——我在使用比喻——在那种状态中可以有行动，有行为，有思考，可以有一切；同时存在另一种状态，当思想停止，头脑变得非常清晰和警觉，却不需要丹药。

克：让我们抓住一点。什么是造成划分的因素？

普：是一种真切的身体感觉在划分。那不是心理上的。存在某种涟漪；这涟漪非常真实。

克：我没有在探讨那个。是我们体内的什么因素在划分情感运动和思想的智力运动呢？为什么存在灵魂和身体的划分？

德：你承认智力有能力看到一种运动从思想中产生，另一种运动从心灵中产生吗？这是可观察的。

克：我问：为什么存在划分？

德：手与脚是不同的。

克：它们的功能不同。

德：存在大脑的功能和心脏的功能。

阿：我的经验是，当言语运动停止，就存在对整个身体的觉知，其中的情感内容是纯粹的感觉。那不再是思考，而是纯粹的感觉。

普：在传统中有一个词叫作"感知的本质"。它与克里希那吉所说的非常接近。传统认可不同种类的感知的本质，它是精华，它填充，它渗透。这是一个需要探究的词语。

德：它是情感。

（二）洞察，是生命的能量精华

普：它比情感要涵盖更多；它是精华。

克：就用这些词："精华""香精"。精华意味着事情的原貌。那么会发生什么呢？在对思想的全部运动和意识的内容进行洞察的过程中，精华产生。在观察心灵的运动中，在那种洞察里，就存在着精华。无论观察的是什么，精华都是一样的。

阿：佛教徒也这么说。

克：在洞察到作为意识的思想的全部运动时——意识的内容是意识，在对意识的观察中，就在那种观察中存在外在的纯化，也就是精华。对吗？以同样的方式，存在对身体、爱、喜悦的全部运动的洞察。当你洞察了这一切，那么就存在精华，而那其中没有两种精华。

当你使用"精华"这个词时，它意味着什么呢？你看，是花朵的精华制成了香水。精华需要形成。那么你如何制造它呢？提炼吗？当花朵被提炼，花朵的精华就是香精。

德： 当污染被消除，剩下的就是精华。

莫： 存在友谊的精华、感情的精华。

克： 不，不，我不会那样使用"精华"一词——友谊的精华、忌妒的精华。不，不。

莫： 你认为精华是什么意思？

克： 请看。在这些讨论中，我已经看到了我们所做的事情。我们观察了作为意识的思想运动，它的全部——运动的内容是意识。存在对它的洞察。洞察是对它的提炼，我们称为"精华"的是纯智慧。它不是我的智慧或者你的智慧，而是智慧，是精华。当我们观察爱、恨、快乐、恐惧这些感情运动时，存在着洞察。在你的洞察中，精华就出现了。没有两种精华。

德： 我的问题产生了。你所洞察到的精华与唯一之间有什么关系呢？我认为它们是可互换的。

克： 我想我宁愿使用"精华"这个词。

普： 伟大的炼金师们被称为"精华的大师"（*rasa-siddhas*）。

德： 他们是在"精华"中形成的，也就是那些达成了并在精华中存在的人。

克： 这些天以来，你已经观察了思想运动。你已经看到了它，不带有任何选择地看到了它，在那其中存在精华。在那无选择的观察中产生一个东西和另一个东西的精华。因此，什么是精华？它是感情的纯化，或者它完全与感情无关？而它又是相关的，因为它已经被观察。对吗？

普：因此作为关注的能量是……

克：能量就是精华。

普：思想对物质施加影响，精华与这两者都不相关。

克：让我们再一次慢一点从精华开始。精华与意识不相关吗？我假定人观察了意识，存在对意识运动即思想的洞察，意识的内容即时间。那观察本身——观察的火焰——就是提炼。对吗？

同样的，洞察的火焰带来感情运动的精华。现在你的问题是：有了精华，那么它与情感有什么关系呢？没有任何关系。精华与花朵无关。尽管精华是花朵的一部分，但它与花朵无关。我不知道你是否看清楚这一点了。

莫："尽管精华是花朵的一部分，但却与花朵无关"——这怎么可能呢，即使就语法而言？

克：看，先生。有一天我看到他们在剥树皮制造某种酒精，精华不是树皮。

莫：但是它在树皮中。

德：它通过加热得以实现。

克：洞察的热度制造了精华。那么问题是什么？精华与意识相关吗？显然不。因此关键是洞察的火焰，洞察的火焰是精华。

德：它创造了精华，它是精华。

克： 它就是精华。

普： 洞察是创造的运动吗？

德： 我们创造了我们洞察到的事物吗？

克： 我不知道你所说的创造是指什么。

普： 带来某些原来不在那里的事物。

克： 洞察是创造吗？创造指的是什么？我知道洞察是什么意思。让我们就用这个词语。我不知道"创造"一词的含义。生孩子？烤面包？

德： 不，我不会那样讲。从这里移动到那里同样也是创造。

克： 不要把每一件事情都称作创造。去办公室不是创造。创造，创造一些原本不存在的事物。比如创造一个雕塑，那是什么意思？什么被生产出——是精华吗？使什么形成？只能产生两件事物：思想或者情感。

德： 产生意味着"精华显现"。

克： 我问你"创造"是什么意思？我不知道。它是带来某些不存在于已知的模板中的新事物。

普： 创造会产生新事物，与旧事物无关的事物。

克： 因此让我们弄清楚。"产生某些完全崭新的事物"——在什么层面上呢？看看吧。在感觉层面，在智力层面，在记忆层面上，在哪里？"产生一些新的事物"——因此你能看到它，你能看到它吗？当你说"产生完全崭新的事物"时，是从什么层面产生的呢？

普： 感觉。

克：在感觉层面？拿一幅非言语的图画为例：你可以画一幅全新的图画吗？就是说，你可以带来某种并非是自我表达的事物吗？如果它是对自我的表达，那么它就不是新的。

普：如果创造是一种全新的事物，与任何自我表达都不相关，那么也许所有的自我表达都会停止，一切的显现都停止。

克：等一等。

普：我要说的是因为不存在任何不是自我表达的事物……

克：那就是我想要说的。发明飞机的人，在他发明的瞬间，没有自我表达。他把它转化为自我表达。某事被发现，然后它被变成公式。我仅仅知道洞察的火焰带来了精华，现在问题是，这个精华有任何表达吗？它创造任何新事物吗？

德：它创造了新的觉察。

克：不。没有新的觉察。火焰是觉察。火焰总是火焰。纯粹的觉察火焰产生的那一刻，它就被忘记了，然后又一次产生新的觉察的火焰，然后又被忘记。每一次火焰都是新的。

德：觉察接触物质，存在一种爆发，一种突变。现在你无法猜测什么将产生。这就如同飞机引擎的发明。

克：让我们这样来说吧。在那精华中，当存在运动，就与自我表达无关。它与行动有关。行动是完整的，不是部分的。

普：我想要再问一个问题。这种显现……

克：是行动。

普： 它与物质有联系吗？

阿： 我们跟随你一起探索到了觉察。

克： 不，先生。你已经更进一步了。存在作为火焰的觉察，它提炼出了精华。现在那种觉察可能行动也可能不行动。如果它行动，就根本没有边界。很显然没有"我"在行动。

普： 它本身是创造。创造不是与它分开的。

克： 那精华的表达是在行动中创造——不是新的行动或者旧的行动。精华就是表达。

普： 那么觉察也同样是行动吗？

克： 当然。看看它的美。忘记行动。看看在你身上发生了什么。没有任何限制的觉察就是火焰。它提炼它所觉察的任何事物。无论它觉察什么，都会提炼，因为它是火焰。

存在着那个觉察，它每分钟都在提炼，当你说我是一个傻瓜时，觉察它——在那觉察中存在着精华。那种精华可能行动也可能不行动，取决于环境，取决于它在哪里。但是在那行动中不存在"我"，也根本没有动机。

1971 年 2 月 19 日